高等学校电子信息类专业系列教材

《Verilog HDL 数字集成电路设计原理与应用(第二版)》

学习指导和实验例程

蔡觉平　翁静纯　冯必先　编著

西安电子科技大学出版社

内 容 简 介

本书结合“十二五”普通高等教育本科国家级规划教材《Verilog HDL 数字集成电路设计原理与应用(第二版)》(蔡觉平等，西安电子科技大学出版社，2016)，以习题和实验例程的方式，对采用 Verilog HDL 的数字集成电路和 FPGA 设计方法进行了介绍，同时对教材中的课后习题也一一给予了解答。书中实验例程多，可综合和测试针对性强，且大部分内容来源于工程案例，通过对理论教学的归纳和总结，进一步加强了设计的可参考性，因此，本书主要用于 Verilog HDL 数字集成电路的实验教学中。

本书可作为研究生和本科生的实验教材，也可作为数字集成电路设计工程师的参考书。

图书在版编目(CIP)数据

《Verilog HDL 数字集成电路设计原理与应用(第二版)》学习指导和实验例程 / 蔡觉平，翁静纯，冯必先编著. —西安：西安电子科技大学出版社，2016.8(2022.11 重印)
ISBN 978-7-5606-4176-8

Ⅰ. ① V… Ⅱ. ① 蔡… ② 翁… ③ 冯… Ⅲ. ① 数字集成电路—电路设计—高等学校—教学参考资料 ② VHDL 语言—程序设计—高等学校—教学参考资料
Ⅳ. ① TN431.2 ② TP312

中国版本图书馆 CIP 数据核字(2016)第 215536 号

责任编辑 买永莲 李惠萍
出版发行 西安电子科技大学出版社(西安市太白南路 2 号)
电　　话 (029)88202421 88201467 邮 编 710071
网　　址 www.xduph.com 电子邮箱 xdupfxb001@163.com
经　　销 新华书店
印刷单位 陕西日报社
版　　次 2016 年 8 月第 1 版 2022 年 11 月第 3 次印刷
开　　本 787 毫米×1092 毫米 1/16 印 张 17
字　　数 399 千字
印　　数 4001～6000 册
定　　价 39.00 元
ISBN 978-7-5606-4176-8/TN
XDUP 4468001-3

前　言

本书与“十二五”普通高等教育本科国家级规划教材《Verilog HDL 数字集成电路设计原理与应用(第二版)》(蔡觉平，西安电子科技大学出版社，2016)相配套，主要用于 Verilog HDL 的上机实验，是相关课程理论教学的补充。本书通过对比性例程，对 Verilog HDL 基本语法和设计规则进行了详细的分析，给出了大量数字集成电路基本电路的设计例程和一些具有典型特点的中小规模数字集成电路实例，有助于读者对 Verilog HDL 的学习。

此外，为了扩大设计的可参考性，在配套教材的基础上，增加了一些相关的例程(以 * 标示的内容)，以提高读者灵活运用该语言的能力。

十分感谢对于本书的出版作出贡献的老师和学生们。感谢湘潭大学黄嵩人教授、西安交通大学张鸿教授、北京工业大学侯立刚教授、西北工业大学张盛兵教授对本书提出的建设性意见；感谢马原、徐维佳、宋喆喆、同亚娜和温凯林等同学在集成电路设计流程过程、代码质量评估等方面大量的实际工作；感谢课题组其他同学对于本书出版所作出的努力。

本书共分 7 章，由蔡觉平统稿，冯必先完成了第 1～4 章的内容和程序验证，翁静纯完成了第 5～7 章的内容和程序验证，国际留学生阮文长和王科完成了部分程序的验证工作。

希望本书的出版，能为致力于集成电路设计的同学和工程师提供帮助。

编著者

2016 年 4 月

目　　录

第 1 章　Verilog HDL 数字集成电路设计方法概述

❖ 本章主要内容：

(1) Verilog HDL 发展过程和国际标准；

(2) Verilog HDL 与 VHDL 两种语言的比较；

(3) 基于 Verilog HDL 的集成电路设计流程；

(4) 功能模块的可重用性以及 IP 核和知识产权保护。

❖ 本章重点：

(1) Verilog HDL 与 VHDL 的性能对比；

(2) 基于 HDL 的集成电路设计流程。

1.1　数字集成电路的发展和设计方法的演变

1. 从 20 世纪 60 年代开始，数字集成电路工艺、制造和设计技术飞速发展。数字集成电路也从最早的________和________，发展到以________________为主的集成电路。集成电路的规模从开始的几十个逻辑门的________________发展到单芯片数千万个逻辑门的________________。

2. 20 世纪 90 年代，IC 产业生产过程逐渐细分为“________、________、________、________”四大领域。功能强大的________________(Central Processing Unit，CPU)和__________(Digital Signal Processing，DSP)成为这一时期产业发展的一个主要方面。

3. 数字集成电路不断引入新技术以推动超大规模集成电路设计的发展，最关键的几项技术是 PLD(Programmable Logic Device，可编程逻辑器件)技术、____技术和______技术。

参考答案：

1. 真空管　电子管　硅基半导体　小规模集成电路　极大规模集成电路

2. 电路设计　芯片制造　电路封装　电路测试　通用型中央处理器　数字信号处理器

3. SoC　IP 复用

1.2　硬件描述语言

1. 硬件描述语言(HDL)是一种高级程序设计语言，通过对数字电路和系统的语言描述，可以对数字集成电路进行＿＿＿＿＿＿。利用 HDL，数字集成电路设计工程师可以根据电路结构的特点，采用＿＿＿＿的设计结构，将抽象的逻辑功能用＿＿＿＿的方式进行实现。

2. HDL 发展至今，产生了很多种对于数字集成电路的描述性设计语言，并成功地应用于设计的各个阶段：＿＿＿＿、＿＿＿＿、＿＿＿＿和＿＿＿＿等。

3. ＿＿＿＿和＿＿＿＿是目前主要的两种 HDL，并分别在 1995 年和 1987 年被采纳为＿＿＿＿国际标准，广泛用于数字集成电路的设计和验证领域。

参考答案：

1. 设计和验证　层次化　电路
2. 建模　仿真　验证　综合
3. Verilog HDL　VHDL　IEEE

1.3 Verilog HDL 的发展和国际标准

1. Verilog HDL 自诞生以来不断发展，并经历了以下重要的事件：20 世纪 80 年代，Verilog HDL-XL 诞生；1989 年，Cadence 公司购买 Verilog 版权；1990 年，＿＿＿＿＿＿，同时有关 Verilog HDL 的全部权利移交 OVI 组织；1995 年，IEEE 制定了第一个 Verilog HDL 语言标准＿＿＿＿＿＿；1996 年，OVI 组织提出了用来描述模拟电路的硬件描述语言 Verilog-A；1999 年，模拟和数字都适用的 Verilog 标准公开发表；2001 年，IEEE 制定了较为完善的标准＿＿＿＿＿＿。

2. 在系统级设计方面，传统的设计方法采用＿＿＿＿等高级软件语言进行数学模型的建立和分析，通过＿＿＿＿设计，将数学模型转变成＿＿＿＿模型，最后采用＿＿＿＿进行电路设计。这种方法的缺点是，数学模型的建立和电路设计是独立的，从而导致设计周期＿＿＿＿、需要的人员和软件多，且存在重复性的工作等问题。

参考答案：

1. Verilog HDL 公开发表　Verilog IEEE 1364—1995　Verilog IEEE 1364—2001
2. C 语言　定点化　电路　HDL　长

1.4 Verilog HDL 和 VHDL

1. 目前，最为常用的硬件描述语言有两种，分别是＿＿＿＿和＿＿＿＿。它们都是完备的 HDL 设计和验证语言，具有完整的设计方法和设计规范。

2. 在设计方法方面，＿＿＿＿灵活性差、设计规则繁琐，但是由于语法规则严谨性高，其＿＿＿＿和＿＿＿＿很强，适用于规模较大的数字集成电路系统设计。

3. 在设计范围方面，Verilog HDL 可以描述系统级、＿＿＿＿、＿＿＿＿＿＿、＿＿＿＿和＿＿＿＿电路，而 VHDL 不具备＿＿＿＿电路描述能力，因此在＿＿＿＿＿＿和＿＿＿＿方面，Verilog HDL 的设计范围更大一些。

参考答案：

1. Verilog HDL　VHDL
2. VHDL　可综合性　代码一致性
3. 算法级　寄存器传输级　门级　开关级　开关级　专用数字集成电路设计
   开关级描述

1.5　Verilog HDL 在数字集成电路设计中的优点

1. 采用 Verilog HDL 进行数字集成电路设计的优点在于(　　)。
   A. 硬件描述方面具有效率高、灵活性强的优势
   B. 代码易于维护，可移植性强
   C. 测试和仿真功能强大
   D. 可以用软件的思维设计电路

2. 在数字集成电路发展初期，数字逻辑电路和系统的设计规模较小，复杂度也低。采用 PLD 器件或 ASIC 芯片来实现电路设计时，使用的是_______设计输入的方式，根据设计要求选用器件，用厂家提供的专用电路图工具绘制_______，完成输入过程。

3. Verilog HDL 和 EDA 工具的出现和发展，通过运用高效率的描述性语言以_______的形式表达电路功能，设计人员不用再关注_____________，而将注意力集中在系统、算法和电路结构上面，具体的实现则交由强大的_____________完成，极大提高了设计输入和验证的效率。

参考答案：

1. A、B、C
2. 原理图　原理图
3. 文本　具体实现细节　仿真综合工具

1.6　功能模块的可重用性

1. ________一般是指经过功能验证、5000 门以上的可综合 Verilog HDL 或 VHDL 模型。软核通常与设计方法和电路所采用的工艺________，具有很强的可综合特性和可重用性。由________构成的器件称为虚拟器件，通过 EDA 综合工具可以把它与其它数字逻辑电路结合起来，构成新的功能电路。

2. ______通常是指在 FPGA 器件上，经过综合验证、大于 5000 门的________。

3. ______通常是指在 ASIC 器件上，经过验证，正确的、大于 5000 门的________。

参考答案：

1. 软核　无关　软核
2. 固核　电路网表文件
3. 硬核　电路结构版图掩模

1.7 IP 核和知识产权保护

1. ______是具有知识产权核的集成电路芯核的总称，是经过反复验证过的、具有特定功能的宏模块，且该模块与芯片制造工艺无关，可以移植到不同的半导体工艺中。

2. 目前，全球最大的 IP 设计公司是英国的___________，通过 IP 的市场推广，不同性能的______被广泛用于通信、计算机、媒体控制器、工业芯片中，极大地提高了设计的效率。这种商业模式为集成电路的发展作出了重要贡献。

参考答案：

1. IP 核
2. ARM 公司　ARM

1.8 Verilog HDL 在数字集成电路设计流程中的作用

1. 数字集成电路和 FPGA 设计过程主要划分为四个阶段，按时间先后顺序，分别为____，____，____，____。

A. 电路设计和代码编写阶段

B. 系统设计阶段

C. 后端设计阶段

D. 电路验证阶段

2. 集成电路设计流程包含如下步骤，其中 Verilog HDL 包括的步骤为_________。

A. 总体方案　B. 系统建模　C. RTL 编码

D. 功能验证　E. 综合　F. 时序验证

G. 物理综合，布局布线　H. 物理验证

I. 原型建立和测试　J. 工艺实现

参考答案：

1. B-A-D-C
2. A、B、C、D、I

教材思考题和习题解答

1. 数字集成电路是基于数字逻辑(布尔代数)设计和运行的，用于处理数字信号。根据集成电路的定义，可以将数字集成电路定义为：将元器件和连线集成于同一半导体芯片上而制成的数字逻辑电路或系统。

2. 硬件描述语言(HDL)是一种高级程序设计语言，通过对数字电路和系统的语言描述，可以对数字集成电路进行设计和验证。其主要作用是：数字集成电路设计工程师可以利用

HDL，根据电路结构的特点，采用层次化的设计结构，将抽象的逻辑功能用电路的方式进行实现。

3. 符合 IEEE 标准的硬件描述语言是 Verilog HDL 和 VHDL 两种。

它们的共同特点是：能够形式化地抽象表示电路的行为和结构；支持逻辑设计中层次与范围的描述；可借用高级语言的精巧结构来简化电路行为的描述，具有电路仿真与验证机制，以保证设计的正确性；支持电路描述由高层到底层的综合转换；硬件描述与实现工艺无关；便于文档管理；易于理解和设计重用。

不同点：在设计范围方面，VHDL 语法结构紧凑、灵活性差、设计规则繁琐，初学者需要较长时间方能掌握。由于语法规则严谨性高，VHDL 可综合性和代码一致性很强，适用于规模较大的数字集成电路系统设计。而 Verilog HDL 的语法结构和设计方式灵活，初学者对语言掌握的难度较小，设计也较容易进行综合和验证，适用于规模较小的数字电路。

4. 优点：利用 HDL，数字集成电路设计工程师可以根据电路结构的特点，采用层次化的设计结构，将抽象的逻辑功能用电路的方式进行实现。Verilog HDL 极大地提高了原理图设计的效率，同时提高了设计的灵活性和对电路设计的有效管理。

缺点：需要相应的 EDA 工具，而 EDA 工具的稳定性需要进一步在工程中提升；相较于高级语言，HDL 可读性不好。

5. Verilog HDL 可描述顺序执行和并行执行的程序结构；用延时表达式或事件表达式来明确地控制过程的启动时间；通过命名的事件来触发其它过程里的激活行为或停止行为；提供了如 if-else、case 等条件程序结构；提供了可带参数且非零延续时间的任务程序结构；提供了可定义新的操作符的函数结构；提供了用于建立表达式的算术运算符、逻辑运算符、位运算符；VerilogHDL 作为一种结构化的语言，非常适用于门级和开关级的模型设计；提供了一套完整的表示组合逻辑的基本元件的原语；提供了双向通路和电阻器件的原语；可建立 MOS 器件的电荷分享和电荷衰减动态模型；Verilog HDL 的构造性语句可以精确地建立信号的模型。

6. 硬件描述语言的设计具有与工艺无关性。这使得工程师在功能设计、逻辑验证阶段，可以不必过多考虑门级及工艺实现的具体细节，只需要利用系统设计时对芯片的要求，施加不同的约束条件，即可设计出实际电路。

7. 采用自顶向下的设计方法：从系统级开始把系统划分为基本单元，然后把每个基本单元划分为下一层次的基本单元，一直这样做下去，直到可以直接用 EDA 元件库中的基本元件来实现为止。

数字集成电路的设计流程主要划分为四个阶段：

(1) 系统设计阶段。确定出一个总体方案，包括系统的结构规划、功能划分等工作；接下来进行系统建模，细化总体方案，从而划分出具体的功能模块。

(2) 电路设计代码编写阶段。用 Verilog HDL 进行 RTL 代码编写。

(3) 电路验证阶段。进行代码的功能验证，验证通过后进行综合优化处理，利用综合后生成的网表文件进行时序验证。

(4) 后端设计阶段。包括物理综合、布局布线、物理验证、原型建立和测试，最后交付工艺实现。

8. IP 复用是指对系统中的某些模块直接使用自己的 IP 来实现，不用设计所有模块。

软核一般是指经过功能验证、5000 门以上的可综合 Verilog HDL 或 VHDL 模型。

固核通常是指在 FPGA 器件上，经过综合验证、大于 5000 门的电路网表文件。

硬核通常是指在 ASIC 器件上，经过验证，正确的、大于 5000 门的电路结构版图掩模。

9. System Verilog 建立在 Verilog HDL 的基础上，在系统层次上提高了模型建立和验证的功能，是 Verilog 语言的拓展和延伸。

Verilog HDL 适合系统级、算法级、寄存器级、门级、开关级设计，而 SystemVerilog 更适合于可重用的可综合 IP 和可重用的验证用 IP 设计，以及特大型基于 IP 的系统级设计和验证。

10. 目前主流的设计工具有 Cadence 公司的 Composer、Synopsys 公司的 Leda 以及 UltraEdit、Vim 等第三方编辑工具。

Cadence 公司的 NC-Verilog 用于 Verilog 仿真，Mentor 公司推出的是 Verilog 和 VHDL 双仿真器 ModelSim，Synopsys 公司的则是 VSS/VCS 仿真器，这些都是业界广泛使用的仿真工具。

目前常用的逻辑综合工具有 Synopsys 公司的 Synplify 和 Design Compiler、Physical Compiler，Cadence 公司的 RTL Compiler 等。

第 2 章　Verilog HDL 基础知识

❖ **本章主要内容：**

(1) Verilog HDL 基础知识；

(2) Verilog HDL 的语言要素，包括空白符、注释符、标识符(转义标识符)、关键字等；

(3) Verilog HDL 的数值类型和表示方法；

(4) 数据类型，包括物理数据类型、连线型数据类型、存储器型数据类型和抽象数据类型；

(5) Verilog HDL 运算符，尤其注意运算符和逻辑之间的映射关系，以及运算符的优先级关系；

(6) Verilog HDL 模块的定义和语法结构。

❖ **本章重点、难点：**

(1) 语言要素和难点标识符的语法规则，数据类型的定义和运算符定义。

(2) 运算符的定义、优先级；

(3) 运算符和逻辑之间的映射关系；

(4) 运算符的使用。

2.1　Verilog HDL 的语言要素

1. Verilog HDL 中有两种形式的注释。

(1) 单行注释：以________开始，表示____。

(2) 多行注释：以________开始，到________结束，表示________________。

2. 下列标识符是否正确，若不正确写出错误原因。

(1) _A3_G5____；

(2) 16CNT____；

(3) out* ____；

(4) a+b-@____。

3. Verilog HDL 中有多种数值表示方式。

(1) 16'b1100 表示____；

(2) 6'o18 表示____；

(3) 5'hz 表示____。

(4) 十进制数 1020 用 12 位宽的二进制数可表示为 ________________________。

参考答案：

1. (1) //　Verilog HDL 忽略从此处到行尾的内容
   (2) /*　*/　Verilog HDL 忽略其中的注释内容
2. (1) 正确
   (2) 错误，标识符不允许以数字开头
   (3) 错误，标识符中不允许包含字符“*”
   (4) 错误，标识符中不允许包含字符“+”，“-”以及“@”
3. (1) 位宽为 16 位的二进制数 0000_0000_0000_1100
   (2) 位宽为 6 位的八进制数 18
   (3) 位宽为 5 位的十六进制数 z，即 zzzzz
   (4) 12'b001111111100

2.2 数据类型

1. Verilog HDL 常用的数据类型中，可综合的有________，不可以综合的有________。

2. 语句“wire [4:0] a; assign a = 5'b101xz; assign a = 5'bx11z0”，则两个强度相同的驱动源共同决定得到 a 值，为________。

3. (1) reg[15:0]　mem[255:0] 表示____________________________________。
   (2) reg [15:0]　mem2[127:0]，reg1，reg2 表示________________________。

参考答案：

1. wire、tri　wor、time、real
2. 5'bxx1x0
3. (1) 定义了一个有 256 个 16 位寄存器的存储器 mem，地址范围是 0～255
   (2) 定义了一个有 128 个 16 位寄存器的存储器 mem2 和 2 个 16 位的寄存器 reg1 和 reg2

2.3 运算符

1. 操作符“||”和“|”的区别在于____________________________________。

2. out=(sel)? 1'b0 : 1'b1 表示____。

3. Verilog HDL 的运算符主要针对数字逻辑电路制定，有算术运算符，如加法(+)，有____________，如小于(<)，有________，如等于(==)，有逻辑运算符，如__________(_______)，有按位运算符，如______(_____)。这四种运算符按优先级从高到低依次是________________。

4. 在 Verilog HDL 中，a = 8'b10010111，那么 !a =____________，~a =____________，a<<2 =_________，^a =_________。

5. 已知“a[7:0] = 8'b11001111; b[5:0] = 6'b010100”，那么 {2{a[6:4]}, b[3:1]} =

________________。

6. 已知“a = 1'b1; b=3'b001;”那么{a, b} =________。

7. 4'b1001<<1 =____________，4'b1001<<2 =____________，4'b1001>>1 =__________，4'b1001>>4 =________。

8. 将 q[7:0] 的高四位与低四位交换，得到的数值可以表示为________。

9. 归约运算符操作的结果是________，检验二进制数中有奇数个 1 可以用归约运算符________，检验二进制数中有偶数个 1 可以用归约运算符________。

10. 下面语句：

```
reg out;
case(sel)
    2'b00:out=a;
    2'b11:out=b:
endcase
```

如果用条件运算符，可以表示为________________。

11. 在一个比较器中，如果 a > b，则输出 out = 1'b1，否则输出 out = 1'b0，如果用条件运算符，可以表示为________________；“reg c; always@(a or b)　c = a>b;”用条件运算符可以表示为________________。

12. “{}”是___________，已知 $random%b(b>0)表示产生 1-b～b-1 之间的随机数，则 {$random}%b 产生的随机数的范围是_____________。(提示：“{}”返回的是无符号数)。

13. “==”运算符能够识别的逻辑值为________，“===”运算符能够识别的逻辑值为________，对于“reg[5:0]　a = 6'b11x01z;　reg[5:0]　b = 6'b11x01z;”，则 a==b 的返回结果为________，a===b 的返回结果为________。

14. 归约运算符与按位运算符的运算符号、运算法则相同，但是归约运算符是单目运算符，产生的结果是 1 位的逻辑值。对于“reg[3:0] a; b=&a;”，可以用按位运算符等效表示为________________。

15. 对于“wire[3:0] a = 4'b0011; wire[3:0] b = 4'b0101;”，那么 a&b =____________，a | b =________，!a =________，a || b =________。

16. 对于“wire[3:0] a = 4'b0011; wire[5:0] b = 6'b010101;”，那么 a&b =___________，a | b =________。

17. 已知 {$random}%3 可以产生 0～2 的随机数，利用算术运算符和 {$random}%3 产生从 10～30 的随机数 a 的表达式为________________。

参考答案：

1. “||”是逻辑或，“|”是按位逻辑或
2. 当“sel”为 1 时，out 等于 1'b0，否则 out 等于 1'b1
3. 关系运算符　相等关系运算符　逻辑与(&&)　按位或(|)
   算术运算符、关系运算符、相等关系运算符、按位运算符、逻辑运算符
4. 1'b0　8'b01101000　8'b01011100　1'b1
5. {100100010}

6. {1001}
7. 5'b10010　6'b100100　4'b0100　4'b0000
8. {q[3:0], q[7:4]}
9. 1 位逻辑值　^　~
10. wire out;
    assign out=(sel==2'b00)?a:b;
11. "wire out; assign out = (a>b)?1'b1:1'b0;"　"wire out; assign out = (a>b)?1'b1:1'b0;"
12. 连接运算符(位拼接运算符)　0～b-1
13. 0/1　0/1/x/z　1'bx　1'b1
14. b = ((a[0]&a[1])&a[2])&a[3]
15. 4'b0001　4'b0111　1'b0　1'b1
16. 6'b000001　6'b010111
17. 10*(1+{$random}%3)

例 2.1-1　Verilog HDL 算术运算符在加法器中的应用。

具体的 Verilog HDL 程序代码如下：

```
module add_operation(A, B, C, D);
    input[3:0] B,  C;
    output[3:0] A;
    output[5:0] D;
    assign A = B+C;
    assign D = B+C;
endmodule
```

例 2.1-2　比较器中关系运算符的运用。

具体的 Verilog HDL 程序代码如下：

```
module comparator(a, b, agb, aeb, alb);
    parameter width = 4;
    input [width-1:0] a, b;
    output agb;
    output aeb;
    output alb;
    assign agb = (a > b);
    assign aeb = (a == b);
    assign alb = (a < b);
endmodule
```

例 2.1-3　Verilog HDL 逻辑运算符的运用。

具体的 Verilog HDL 程序代码如下：

```
module logicaloperation(a, b, c, d);
    input a, b;
```

```
        output c, d;
        assign c = a&&b;
        assign d = !(a||b);
    endmodule
```

例 2.1-3 的电路图如图 2.1-1 所示。

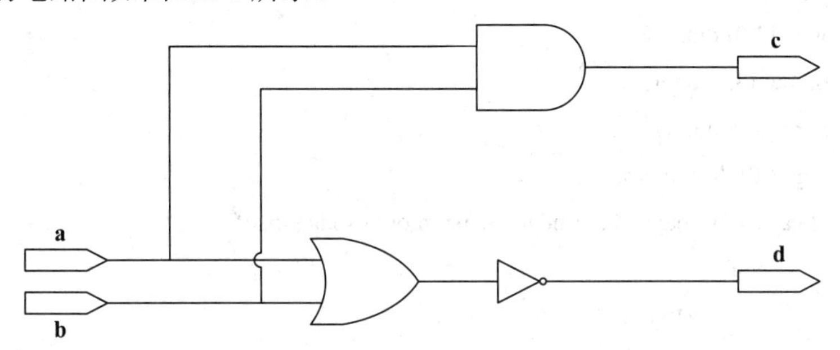

图 2.1-1　逻辑运算符的运用

例 2.1-4　用按位运算符描述 2 输入 1 位信号全加器。

具体的 Verilog HDL 程序代码如下：

```
    module one_bit_fulladder(SUM, C_OUT, A, B, C_IN);
        input A, B, C_IN;
        output SUM, C_OUT;
        assign SUM = (A^B)^C_IN;
        assign C_OUT = (A&B) | ((A^B)&C_IN);
    endmodule
```

例 2.1-5　用归约运算符判断输入信号中是否有 0 或者 1。

具体的 Verilog HDL 程序代码如下：

```
    module cut(a, m, n);
        input [7:0] a;
        output m, n;
        assign m = &a;
        assign n = |a;
    endmodule
```

例 2.1-6　用移位运算符设计双向移位寄存器。

双向移位寄存器的原理图如图 2.1-2 所示。

clk	load	left_right	状态
x	H	x	置数
↑	L	0	右移
↑	L	1	左移

图 2.1-2　双向移位寄存器的原理图

具体的 Verilog HDL 程序代码如下：

```
module left_right_shifter(clk, rst_n, load, left_right, din, dout);
    input clk, rst_n, load, left_right;
    wire clk, rst_n, load, left_right;
    input [3:0] din;
    wire [3:0] din;
    output [3:0] dout;
    wire [3:0] dout;
    reg [3:0] data_temp;
    always@(posedge clk or negedge rst_n or posedge load)
        begin
            if(!rst_n)
                data_temp <= 4'b0000;
            else if(load)
                data_temp <= din;
            else
                begin
                    if(left_right)
                        data_temp <= {data_temp << 1'b1, 1'b0};
                    else
                        data_temp <= {1'b0, data_temp >> 1'b1};
                end
        end
    assign dout = data_temp;
endmodule
```

例 2.1-7　用条件运算符描述 2 选 1 数据选择器。

具体的 Verilog HDL 程序代码如下：

```
module mux2(in1, in2, sel, out);
    input[3:0]in1, in2;
    input sel;
    output[3:0]out;
    wire[3:0]out;
    assign out = (!sel)?in1:in2;
endmodule
```

例 2.1-8　用连接和复制运算符描述 8 位串入串出移位寄存器。

具体的 Verilog HDL 程序代码如下：

```
module shift_register8(din, clk, rst_n, dout);
    input din, clk, rst_n;
    output dout;
```

```
        wire din, clk, rst_n, dout;
        reg [7:0] shift_register;
        always @(posedge clk or negedge rst_n)
        begin
            if(rst_n ==1'b0)
                shift_register = 8'b00000000;
            else
                shift_register = {shift_register[6:0], din};
        end
        assign dout = shift_register[7];
    endmodule
```

例 2.1-9 用连接和复制运算符描述同步清零 4 位移位寄存器。

具体的 Verilog HDL 程序代码如下：

```
    module shift_register(q, in, clk, rst_n);
        input in;
        input clk, rst_n;
        output q;
        reg[3:0] q;
        always@(posedge clk)
        if(!rst_n) q<=4'b0000;
        else q<={q[3:0], in};
    endmodule
```

2.4 模　　块

1. 一个典型的 Verilog HDL 模块主要包括____________、____________、____________和____________四个基本部分。

2. 一般来说，module 的 input 缺省定义为______类型；output 信号可以是______类型，也可以是______类型(在 always 或 initial 语句块中被赋值)；inout 一般为______类型，表示具有____________性能。

3. 模块设计一般有____________、____________和____________三种建模方式，其中____________分成模块级建模、____________和____________三类。

4. 在 Verilog HDL 中有两种模块调用端口对应方式，即____________和____________。在____________下，端口连接表内各项的排列顺序对端口连接关系是没有影响的。

5. 结构化描述方式的特点____。

6. 基本的门级元件中，有三种门级类型，多输出门有____________和____________两种，多输入门有____________、____________、____________、____________、____________和____________六种，第三种门级类型是____________。

7. Verilog HDL 中定义参数 parameter 的作用是____________________。

8. 当端口和端口表达式的位宽不一致时，会进行__________，采用的位宽匹配规则为__________方式。

9. 调用语句“cnt u1(.cnt(count), .dout( ), .rst_n(rst_n), .clk(clock));”的具体含义是____，用另外一种端口对应方式表示为________________________________。

参考答案：

1. 模块的开始与结束　模块端口定义　模块数据类型说明　模块逻辑功能描述
2. wire　wire　reg　tri　多个驱动源
3. 行为描述方式　结构描述方式　混合描述方式(混合使用结构描述和行为描述)
   结构描述方式　门级建模　开关级建模
4. 端口位置对应方式　端口名称对应方式　端口名称对应方式
5. 将硬件电路描述成一个分级子模块系统，组成硬件电路的各个子模块之间的相互层次关系以及相互连接关系都需要得到说明
6. 缓冲器(buf)　非门(not)　与门(and)　与非门(nand)　或门(or)　或非门(nor)
   异或门(xor)　异或非门(xnor)　三态门
7. 便于修改低层次模块的值，降低程序复杂度
8. 端口匹配　右对齐
9. 调用 cnt 模块，并且模块端口 cnt、rst_n、clk 分别与信号端口 count、rst_n 和 clock 连接，而 dout 为未连接端口　　cnt u1(count, , rst_n, clk);

教材思考题和习题解答

1. Verilog HDL 中基本的语言要素有符号、数据类型、运算符和表达式。

2. Verilog HDL 空白符在编译和仿真时被忽略。

3. Verilog HDL 中插入注释的方法有单行注释和多行注释。

4. 合法：Always，\din，\wait，_qout，data$，$data，\@out；
   非法：2_1mux，c#out。

5. 不正确：'dc10；

   正确：'B10 表示 2 位二进制数 2'B10，5'd20 表示 5 位十进制数 5'd00020，4'b10x1 表示 4 位二进制数 10x1，5'b101 表示 5 位二进制数 5'b00101，6'HAAFB 表示 6 位十六进制数 6'H3B。

6. {a, b}=4'b1011。

7. 通常分为物理数据类型、存储器型数据类型和抽象数据类型。物理数据类型包括连线型和寄存器型数据类型；存储器型数据类型包括 reg 型和 memory 型；抽象数据类型包括整型、时间型、实型和参数型。

8. 从仿真(电路)角度来说，wire 对应于连续赋值 assign，reg 对应于过程赋值 initial、always。从综合(电路)角度来说，wire 型的变量综合出来一般是一根无逻辑的导线。在 always

中，若为 always@(a or b)，即电平敏感型，综合出来是组合逻辑；若为 always@(posedge clk or negedge rst_n)，即边沿敏感型，则综合出来的是时序逻辑，会包含触发器。

一般来说，在设计中输入信号由上一级传来，那么对于本级来说就是一根导线，也就是 wire 型。而输出信号则由自己决定，但一般整个设计的外部输出(即最顶层模块的输出)，最好是寄存器输出。

9. 略。

10. 可以。

11. 常用于定义延迟时间和变量的位宽，提高程序的可读性和可维护性。

12. “~”是按位取反，“!”是逻辑取反；“&”是按位与，“&&”是逻辑与。

13. “==”称为逻辑等式运算符，结果可能为 x；“===”表示全等，对操作数进行按位比较，结果只能是 0 或 1。“===”常用于 case 表达式判断。

14. 不是，有的模块可以综合，有的模块不可以综合。

15. 模块由模块的定义、模块端口定义、模块数据类型说明和模块逻辑功能描述等几个部分构成。每一部分都由“module name(端口列表);”和 endmodule 等语句组成。

16. 端口有三种，分别为输入端口、输出端口和双向端口。

模块端口以“端口类型、信号位宽，端口名”来描述，如“input[4:0]a; output[4:0]sum;”。

第 3 章　Verilog HDL 程序设计语句和描述方式

❖ **本章主要内容：**

(1) Verilog HDL 程序设计语句和描述方式；
(2) 连续赋值语句和数据流建模方式；
(3) 过程语句(initial 和 always)语法；
(4) 行为级建模方式；
(5) 条件分支语句、循环语句；
(6) 模块的定义和调用；
(7) 模块级结构建模方式；
(8) 基本逻辑门和门级结构建模方式；
(9) 开关和开关级建模方式。

❖ **本章重点、难点：**

(1) 连续赋值语句；
(2) 过程、并行块和串行块、条件分支语句，循环语句；
(3) 模块级结构建模方式；
(4) 并行块和串行块的区别；
(5) 条件分支语句的使用；
(6) 电路结构的选取和描述方法。

3.1　数据流建模

例 3.1-1　数据流方式的 1 bit 全加器。
具体的 Verilog HDL 程序代码如下：

```
module adder1(cout, a, b, cin);
        input a, b;
        input cin;
        output cout;
        assign cout=a+b+cin;
endmodule
```

例 3.1-2　数据流方式的 4 bit 全加器。

具体的 Verilog HDL 程序代码如下：

```
module adder4(cout, sum, cin, a, b);
    input cin;
    input [3:0]a, b;
    output cout;
    output [3:0]sum;
    wire cout, cin;
    wire [3:0]a, b, sum;
    assign{cout, sum}=a+b+cin;
endmodule
```

例 3.1-3　数据流建模方式描述 1 bit 数值比较器。

具体的 Verilog HDL 程序代码如下：

```
module compare_1(out, a, b);
    input a, b;
    output out;
    assign out=(a>b)?1'b1:1'b0;
endmodule
```

例 3.1-4　通过归约运算符^实现奇偶校验器。

具体的 Verilog HDL 程序代码如下：

```
module ecc_8(even_bit, odd_bit, data);
    input [7:0] data;
    output even_bit, odd_bit;
    assign odd_bit=^data;
    assign even_bit=~odd_bit;
endmodule
```

例 3.1-4 是一个奇偶校验器，通过归约运算符^实现功能，当输入数据中有偶数个 1 时，偶数校验位 even_bit 为 1'b1，奇数校验位 odd_bit 为 1'b0；当输入数据中有奇数个 1 时，奇数校验位 odd_bit 为 1'b1，偶数校验位 even_bit 为 1'b0；

例 3.1-5　用 Verilog HDL 设计一个 4-2 二进制编码器。当输入编码不是 4 中取 1 码时，编码输出为全 x。

具体的 Verilog HDL 程序代码如下：

```
module binary_encoder_4_2(i_dec, o_dec);
    input [3:0] i_dec;
    output [1:0] o_dec;
    assign o_dec = (i_dec == 4'b0001) ? 2'b00 :
                   (i_dec == 4'b0010) ? 2'b01 :
                   (i_dec == 4'b0100) ? 2'b10:
```

```
                    (i_dec == 4'b1000) ? 2'b11:2'bxx;
endmodule
```

例 3.1-6　数据流建模方式描述分频器(div_f)。

具体的 Verilog HDL 程序代码如下：

```
module div_f(clk_out, clk, rst_n);
    input clk, rst_n;
    output clk_out;
    reg [3:0] count;
    reg clk_out;
    always@(posedge clk)
    if(!rst_n)
        begin
            count<=4'b0;
            clk_out<=1'b0;
        end
    else
        if(count<4'b0111)
            count<=count+1'b1;
        else
            begin
                clk_out<=~clk;
                count<=1'b0;
            end
endmodule
```

例 3.1-7　Verilog HDL 算术运算符在乘法器中的应用。

具体的 Verilog HDL 程序代码如下：

```
module multiplier(a, b, product);
    input [7:0] a, b;
    output [15:0]product;
    assign product = a * b;
endmodule
```

例 3.1-8　用 Verilog HDL 关系运算符描述比较器。

程序(1)：

```
module RelationalOperation(A, B, C);
    input [1:0] A;
    input [2:0] B;
    output C;
    reg C;
```

```
        always @(A or B)
            C = A > B;
    endmodule
```

程序(2)：

```
    module RelationalOperation(A, B, C);
        input [1:0] A;
        input [2:0] B;
        output C;
        reg C;
        always @(A or B)
            if (A > B)
                C = 1'b1;
            else
                C = 1'b0;
    endmodule
```

例 3.1-8 程序(1)和程序(2)是等价的。

例 3.1-9　比较器中关系运算符的运用。

具体的 Verilog HDL 程序代码如下：

```
    module comparator(a, b, agb, aeb, alb);
        parameter width = 4;           //通过配置参数 width 来调节比较器的位宽
        input [width-1:0] a, b;
        output agb;                    //若 a > b，该输出信号有效
        output aeb;                    //若 a == b，该输出信号有效
        output alb;                    //若 a < b，该输出信号有效
        assign agb = (a > b);
        assign aeb = (a == b);
        assign alb = (a < b);
    endmodule
```

例 3.1-10　按位运算符在位宽不匹配下的运算例程。

具体的 Verilog HDL 程序代码如下：

```
    module length_mismatch(a, b, c);
        input [7:0] a;
        input [9:0] b;
        output [9:0] c;
        assign c=a&b;
    endmodule
```

图 3.1-1 所示为例 3.1-10 的仿真结果，可以看出，a 与 b 进行按位与运算时，低位宽数 a 要在高位补 0 之后再与高位宽数 b 进行与运算。

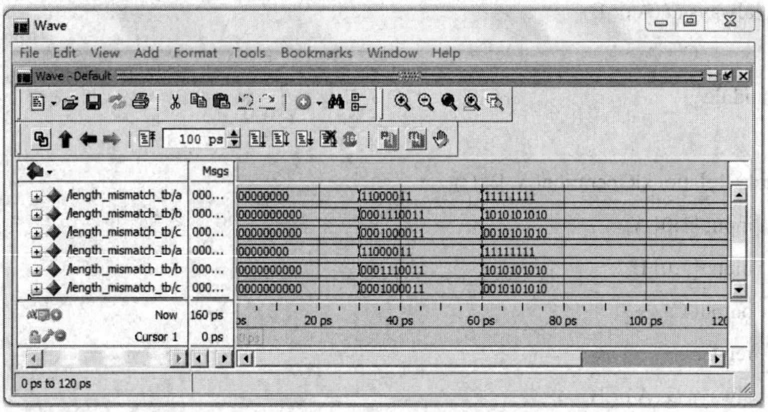

图 3.1-1　不同位宽操作数按位运算仿真结果

例 3.1-11　用按位运算符描述函数表达式 out=AB+BC+AC。

具体的 Verilog HDL 程序代码如下：

```
module minterm(a, b, c, out);
    input a, b, c;
    output out;
    assign out=(a&b)|(b&c)|(a&c);
endmodule
```

例 3.1-12　用归约运算符判断输入信号中是否有 0 或者 1。

具体的 Verilog HDL 程序代码如下：

```
module cut(a, m, n);
    input [7:0] a;
    output m, n;
    assign m = &a;          //判断输入信号中是否有 0，若有 0，m = 1'b0
    assign n = |a;          //判断输入信号中是否有 1，若有 1，n = 1'b1
endmodule
```

例 3.1-13　用条件运算符描述 2 选 1 数据选择器。

具体的 Verilog HDL 程序代码如下：

```
module mux2(in1, in2, sel, out);
    input[3:0]in1, in2;
    input sel;
    output[3:0]out;
    wire[3:0]out;
    assign out = (!sel)?in1:in2;      // sel 为 1'b0 时 out 等于 in1，反之为 in2
endmodule
```

例 3.1-14　用条件运算符描述三态驱动电路。

利用 Verilog HDL 数据流描述可以生成三态驱动电路。三态驱动电路一个常见的应用是用于实现双向的总线收发器。

具体的 Verilog HDL 程序代码如下：

```
module tri_bus_interface(write_en, data_out, data_in, bus_data);
    parameter width = 8;
    input write_en;
    wire write_en;
    input [1:0] data_out;
    output [1:0] data_in;
    inout [1:0] bus_data;
    assign bus_data = write_en?data_out:2'bzz;        // "z" 为高阻，即断开
    assign data_in = bus_data;
endmodule
```

图 3.1-2 为简单的双向总线功能原理图。

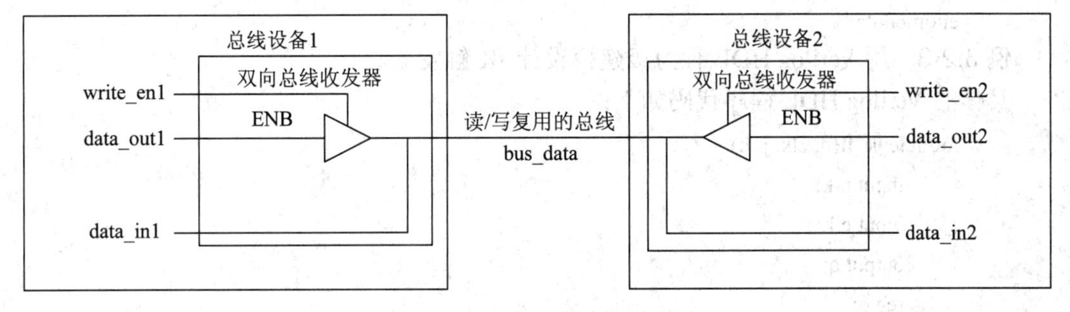

图 3.1-2　双向总线功能原理图

3.2　行为级建模

例 3.2-1　用 Verilog HDL 行为级建模设计 8 位 D 触发器。

具体的 Verilog HDL 程序代码如下：

```
module flipflop_d (data, clk, q);
    input [7:0] data;
    input clk;
    output [7:0] q;
    reg q;
    always@(posedge clk)
    q = data;
endmodule
```

例 3.2-2　带同步清零置位的模 10 的加法计数器。

具体的 Verilog HDL 程序代码如下：

```
module counter_10(clk, rst_n, load, d, q7);
    input clk, rst_n, load;
    input [3:0] d;
    output [3:0] q7;
```

```
        reg [3:0] q7;
        always@(posedge clk)
        begin
            if(!rst_n)
                q7 <= 4'b0;
            else if(!load)
                q7 <= d;
            else if(q7 == 4'b1001)
                q7 <= 4'b0;
            else
                q7 <= q7+1'b1;
        end
    endmodule
```

例 3.2-3 用 Verilog HDL 行为级建模设计 JK 触发器。

具体的 Verilog HDL 程序代码如下：

```
    module jk_ff(q, clk, j, k);
        input j, k;
        input clk;
        output q;
        reg q;
        always @(posedge clk)
        begin
            case({j, k})
                2'b00: q<=q;
                2'b01: q<=0;
                2'b10: q<=1'b1;
                2'b11: q<=~q;
            endcase
        end
    endmodule
```

例 3.2-4 模 16 同步清零计数器。

具体的 Verilog HDL 程序代码如下：

```
    module count16(out, clk, rst_n);
        input clk, rst_n;
        output[3:0] out;
        reg[3:0] out;
        always@(posedge clk)
        if(!rst_n)   out<=4'b0000;
        else   out<=out+1'b1;
    endmodule
```

例 3.2-5　阻塞赋值语句和非阻塞赋值语句对比例程 1。

(1) 阻塞赋值语句：

```
module block(a, b, c, clk, sel, out);
    input a, b, c, clk, sel;
    output out;
    reg out, temp;
    always @(posedge clk)
    begin
        temp = a&b;
        if (sel)   out = temp|c;
        else   out = c;
    end
endmodule
```

(2) 非阻塞赋值语句：

```
module non_block(a, b, c, clk, sel, out);
    input a, b, c, clk, sel;
    output out;
    reg out, temp;
    always @(posedge clk)
    begin
        temp <= a&b;
        if (sel)   out <= temp|c;
        else           out <= c;
    end
endmodule
```

例 3.2-5(1)和例 3.2-5(2)分别采用了阻塞赋值语句和非阻塞赋值语句，所对应的电路分别如图 3.2-1 和图 3.2-2 所示。例 3.2-5(2)采用非阻塞赋值语句，实际上产生的是两级流水线的设计。虽然采用这两种语句的逻辑功能相同，但是电路的时序和形式差异很大。

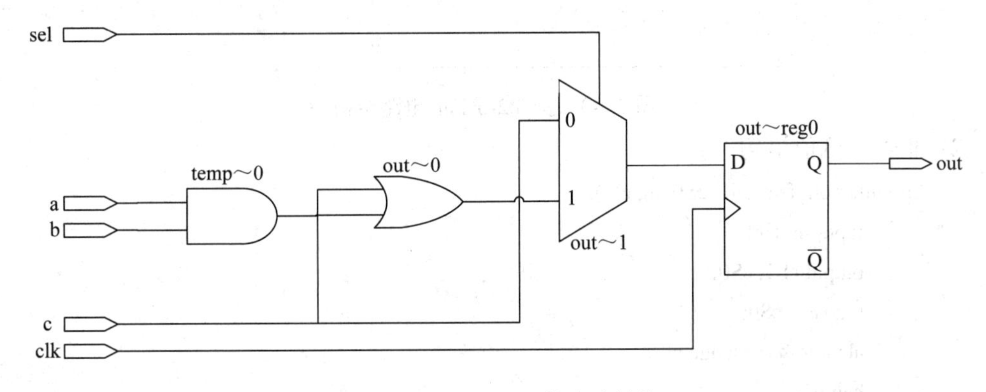

图 3.2-1　例 3.2-5(1)的电路结构

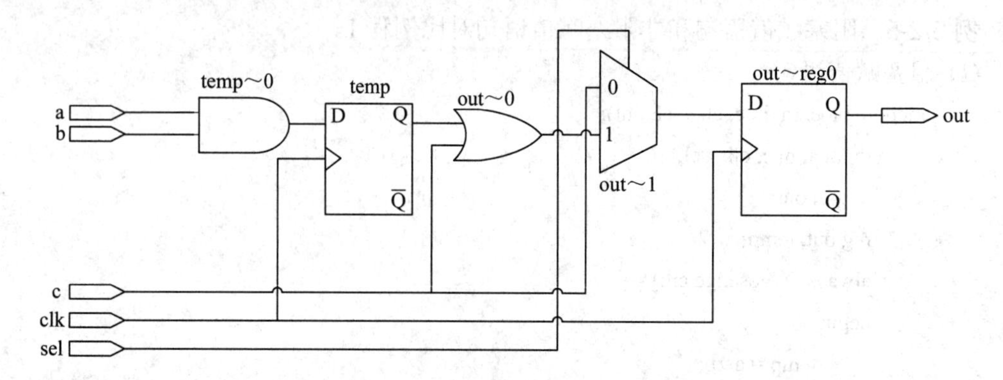

图 3.2-2　例 3.2-5(2)的电路结构

例 3.2-6　阻塞赋值语句和非阻塞赋值语句对比例程 2。

(1) 阻塞赋值语句：

```
module fsm(cS1, cS0, in, clk);
    input in, clk;
    output cS1, cS0;
    reg cS1, cS0;
    always@(posedge clk)
    begin
        cS1 = in & cS0;     //同步复位
        cS0 = in | cS1;     //cS0 = in
    end
endmodule
```

例 3.2-6(1)对应的电路如图 3.2-3 所示。

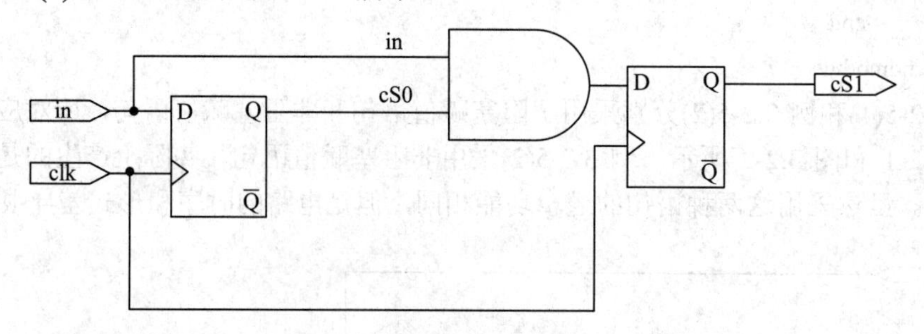

图 3.2-3　例 3.2-6(1)的电路结构

(2) 非阻塞赋值语句：

```
module non_fsm(cS1, cS0, in, clk);
    input in, clk;
    output cS1, cS0;
    reg cS1, cS0;
    always @(posedge clk)
    begin
        cS1 <= in & cS0;    //同步复位
```

```
        cS0 <= in | cS1;        //同步置位
    end
endmodule
```

例 3.2-6(2)对应的电路如图 3.2-4 所示。

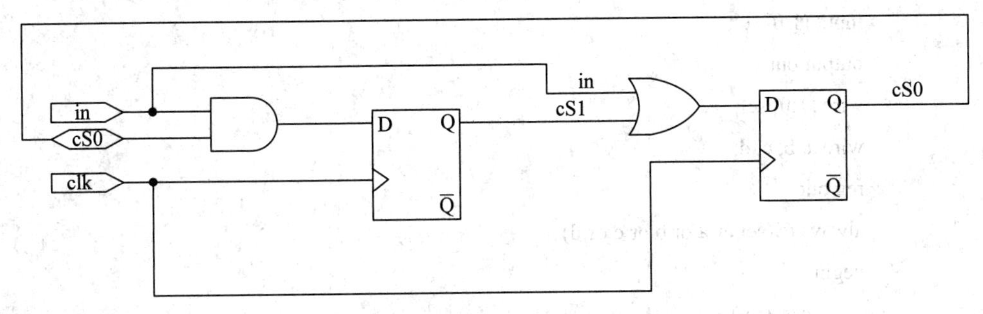

图 3.2-4 例 3.2-6(2)的电路结构

例 3.2-7 上升沿(L2H)检测(posedge_detect)。

先将 F1、F2 置为 1，在时钟上升沿将输入的值赋给 F1，同时将 F1 的值赋给 F2，均为非阻塞赋值。也就是说，最后输入的值赋给了 F1，输入的前一个值赋给了 F2，进行“!F2 & F1”操作，若运算结果为 1'b1，则表示输入从低电平变为高电平，即检测到了输入的上升沿。

具体的 Verilog HDL 程序代码如下：

```
module posedge_detect(clk, rst_n, in, L2H_Sig);
    input clk;
    input rst_n;
    input in;
    output L2H_Sig;
    wire L2H_Sig;
    reg F1;
    reg F2;
    always@(posedge clk or negedge rst_n)
    if(!rst_n)
        begin
            F1 <= 1'b1;
            F2 <= 1'b1;
        end
    else
        begin
            F1 <= in;
            F2 <= F1;
        end
    assign L2H_Sig = !F2 & F1;
endmodule
```

例 3.2-8 4 选 1 数据选择器。

具体的 Verilog HDL 程序代码如下：

```
module mux4(out, sel, a, b, c, d);
    input a, b, c, d;
    input [1:0] sel;
    output out;
    wire [1:0] sel;
    wire a, b, c, d;
    reg out;
    always @(sel or a or b or c or d)
    begin
        case(sel)
            2'b00: out=a;
            2'b01: out=b;
            2'b10: out=c;
            2'b11: out=d;
            default: out=0;
        endcase
    end
endmodule
```

例 3.2-9 用 case 语句描述真值表例程。

具体的 Verilog HDL 程序代码如下：

```
module truth_table(A, B, C, Y);
    input A, B, C;
    output Y;
    reg Y;
    always@(A or B or C)
    case({A, B, C})
        3'b000:    Y <= 1'b0;
        3'b001:    Y <= 1'b0;
        3'b010:    Y <= 1'b0;
        3'b011:    Y <= 1'b0;
        3'b100:    Y <= 1'b0;
        3'b101:    Y <= 1'b1;
        3'b110:    Y <= 1'b1;
        3'b111:    Y <= 1'b1;
        default:   Y <= 1'b0;
    endcase
endmodule
```

例 3.2-9 通过 case 语句直观地描述了真值表，真值表及其描述的电路结构如图 3.2-5 所示。

输入			输出
A	B	C	Y
0	0	0	0
0	0	1	0
0	1	0	0
0	1	1	0
1	0	0	0
1	0	1	1
1	1	0	1
1	1	1	1

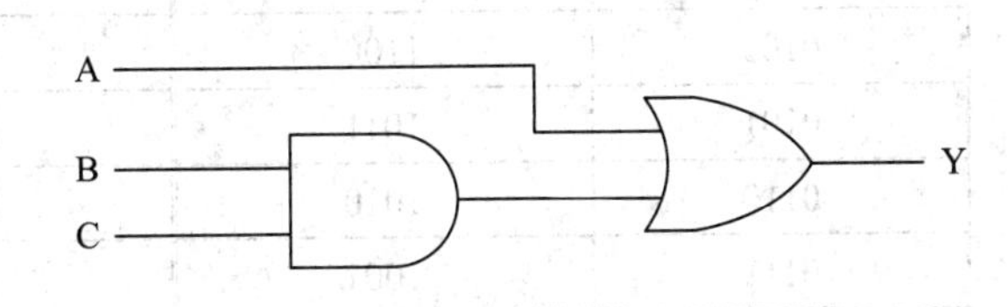

图 3.2-5 真值表及其描述的电路结构

例 3.2-10 用 casez 描述的数据选择器。

具体的 Verilog HDL 程序代码如下：

```
module mux_casez(out, a, b, c, d, select);
    input a, b, c, d;
    input [3:0] select;
    output out;
    reg out;
    always @(select or a or b or c or d)
    begin
        casez(select)
            4'bzzz1: out = a;
            4'bzz1z: out = b;
            4'bz1zz: out = c;
            4'b1zzz: out = d;
        endcase
    end
endmodule
```

在 casez 语句中，如果比较的双方有一边的某一位的值是 z，那么这一位的比较就不予考虑，即认为这一位的比较结果为真，故只需要关注其它位的比较结果。

例 3.2-11 补码变换器。

原码转换到补码的规则即原码先取反，再加 1。对于正数，其补码即其原码，而对于负数，其原码与补码转换的真值表如表 3.2-1 所示。

表 3.2-1　原码与补码转换真值表

原码(a)	补码(b)	原码(a)	补码(b)
0000	0000	1000	1000
0001	1111	1001	0111
0010	1110	1010	0110
0011	1101	1011	0101
0100	1100	1100	0100
0101	1011	1101	0011
0110	1010	1110	0010
0111	1001	1111	0001

根据真值表得到的补码转换逻辑表达式如下：

$$b0 = a0;$$

$$b1 = a1 \oplus a2;$$

$$b2 = \overline{a1}(a2 \oplus a0) + \overline{a2}a1;$$

$$b3 = a3\overline{a2a1a0} + \overline{a3}(a2 + a1 + a0);$$

```
module complement_trans2(s, a, out);
    input s;
    input   [3:0]   a;
    output   [3:0]   out;
    reg   [3:0]   out;
    always@(a)
    if(s==0)
        out<=a;
    else
        begin
            out[0]<=a[0];
            out[1]<=a[0]^a[1];
            out[2]<=(!a[1]&(a[2]^a[0]))|((!a[2])&a[1]);
            out[3]<=(a[3]&(!a[2])&(!a[1])&(!a[0]))|((!a[3])&(a[0]|a[1]|a[2]));
        end
endmodule
```

例 3.2-12　if 语句的错误使用。

具体的 Verilog HDL 程序代码如下：

```
module if_error(a, b, out);
    input a, b;
    output out;
    reg out;
    always @(a or b)
```

```
        if (a)    out=b;
    endmodule
```

例 3.2-12 希望描述的是 a = 1'b1 时给 out 信号赋值 b。从语法角度而言，这个程序是符合规则要求的，但是从电路描述角度，它是不正确的。它没有描述当 a = 1'b0 时的处理情况，那么综合工具会认为在 a = 1'b0 时 out 保持当前值，因此产生如图 3.2-6 所示电路。这个电路中数据选择器的输出直接反馈到了信号输入端，形成了锁存器电路(latch)，这在数字电路中是不允许的，会产生错误。

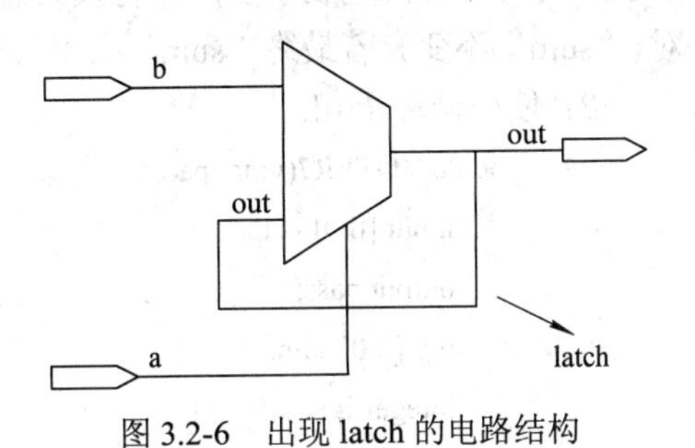

图 3.2-6　出现 latch 的电路结构

例 3.2-13　if 语句的正确使用。

程序(1)：

```
module if_right1(a, b, out);
    input a, b;
    output out;
    reg out;
    always @(a or b)
    if (a)    out=b;
    else      out=1'b0;
endmodule
```

程序(2)：

```
module if_right2(a, b, out);
    input a, b;
    output out;
    assign out=a&b;
endmodule
```

例 3.2-13 的程序(1)和程序(2)是一样的，感兴趣的读者可以仔细分析一下。

与 if 条件分支语句相同，case 也需要写全所有的分支条件，否则会产生锁存器电路，导致电路错误。当没有写全所有条件分支语句时，必须使用 default 语句描述剩余条件的结果。

例 3.2-14　7 人投票表决器。

(1) 不使用循环语句：

```
module VOTER7(vote, pass);
    input [6:0] vote;
    output pass;
    wire [2:0] sum;
    assign sum=vote[0]+vote[1]+vote[2]+vote[3]+vote[4]+vote[5]+vote[6];
    assign pass=sum[2];
endmodule
```

输入“vote”的位宽为 7 位，一位代表一个人的投票结果。对每一位都加以判断，若该位的值为 1'b1，则表示赞成，将投票总和“sum”加 1'b1；若该位的值为 1'b0，则表示反对，“sum”不变。若最终“sum”大于等于 4，即 sum[2]为 1'b1，则投票通过，否则不通过。

(2) 使用循环语句：

```
module VOTER7(vote, pass);
    input [6:0] vote;
    output pass;
    reg [2:0] sum;
    integer i;
    always @(vote)
        begin
            sum=3'b000;
            for (i=0;i<=6;i=i+1)    sum=sum+vote[i];
        end
    assign pass=sum[2];
endmodule
```

在 Verilog HDL 中，只有当循环变量 i 用作标号而不是作为逻辑变量时才可以使用 for 语句，否则使用 for 语句在综合时会出现错误。

3.3 结构化建模

例 3.3-1 用 Verilog HDL 结构建模方式设计 4 位全加器。

具体的 Verilog HDL 程序代码如下：

```
module fulladder_1(cout, sum, a, b, cin);
    input a, b, cin;
    output sum, cout;
    wire a, b, cin, sum, cout;
    wire s1, s2, s3, s4;
    xor U1(s1, a, b);
    xor U2(sum, s1, cin);
    and U3(s2, a, cin);
    and U4(s3, b, cin);
    and U5(s4, a, b);
    or U6(cout, s2, s3, s4);
endmodule

module fulladder_4(cout, sum, a, b, cin);
    input [3:0] a, b;
```

```
        input cin;
        output [3:0] sum;
        output cout;
        wire cout1, cout2, cout3;
        fulladder_1   U7(cout1, sum[0], a[0], b[0], cin);
        fulladder_1   U8(cout2, sum[1], a[1], b[1], cout1);
        fulladder_1   U9(cout3, sum[2], a[2], b[2], cout2);
        fulladder_1   U10(cout, sum[3], a[3], b[3], cout3);
    endmodule
```

例 3.3-2　用 Verilog HDL 结构建模方式设计 16 位数据选择器。

具体的 Verilog HDL 程序代码如下：

```
    module mux4to1(out, w, s);
        input [3:0] w;
        input [1:0] s;
        output out;
        reg out;
        always @(w or s)
            begin
                case(s)
                    2'b00:   out=w[0];
                    2'b01:   out=w[1];
                    2'b10:   out=w[2];
                    2'b11:   out=w[3];
                endcase
            end
    endmodule

    module mux16to1(out, w, s);
        input [15:0] w;
        input [3:0] s;
        output out;
        reg out;
        wire [3:0] t;
        mux4to1   U1(t[0], w[3:0], s[1:0]);
        mux4to1   U2(t[1], w[7:4], s[1:0]);
        mux4to1   U3(t[2], w[11:8], s[1:0]);
        mux4to1   U4(t[3], w[15:12], s[1:0]);
        mux4to1   U5(out, t[3:0], s[3:2]);
    endmodule
```

例 3.3-3 用 Verilog HDL 结构建模方式设计 64 选 1 数据选择器。

用 9 个 8 选 1 数据选择器级联成 64 选 1 的数据选择器：

具体的 Verilog HDL 程序代码如下：

```
module mux8to1(din, sel, ien, out);
        input [7:0] din;
        input ien;
        input [2:0] sel;
        output out;
        reg out;
        always@(din or sel or ien)
        if(!ien)
                out = 1'b0;
        else
                begin
                        case(sel)
                                3'b000: out = din[0];
                                3'b001: out = din[1];
                                3'b010: out = din[2];
                                3'b011: out = din[3];
                                3'b100: out = din[4];
                                3'b101: out = din[5];
                                3'b110: out = din[6];
                                3'b111: out = din[7];
                        endcase
                end
endmodule
module mux64to1(din, sel, ien, out);
        input [63:0] din;
        input [5:0] sel;
        input ien;
        output out;
        reg out;
        wire [7:0] mid;
        mux8to1   U1(din[7:0], sel[2:0], ien, mid[0]);
                  U2(din[15:8], sel[2:0], ien, mid[1]);
                  U3(din[23:16], sel[2:0], ien, mid[2]);
                  U4(din[31:24], sel[2:0], ien, mid[3]);
                  U5(din[39:32], sel[2:0], ien, mid[4]);
                  U6(din[47:40], sel[2:0], ien, mid[5]);
```

```
            U7(din[55:48], sel[2:0], ien, mid[6]);
            U8(din[63:56], sel[2:0], ien, mid[7]);
            U9(mid[7:0], sel[5:3], ien, out);
endmodule
```

例 3.3-4 用 Verilog HDL 结构建模方式设计补码变换器。

补码变化规则是原码取反加 1，程序分为 3 个模块，第一个模块是 4 位的取反模块，第二个模块为 4 位加法模块，最后一个模块对以上两个模块整合，相连，构成整个补码转换电路。

具体的 Verilog HDL 程序代码如下：

```
module the_not(a, out);
    input [3:0] a;
    output [3:0] out;
    wire [3:0] out;
    ssign out = !a;
endmodule

module add_4(a, b, z, co);
    input [3:0] a, b;
    output [3:0] z;
    output co;
    wire [3:0] z;
    wire co;
    assign {co, z} = a+b;
endmodule

module complement_transform(a, out);
    input [3:0] a;
    output [3:0] out;
    wire [3:0] a, w1, out, z;
    wire co;
    supply1 b0;
    supply0 b1, b2, b3;
    the_not U1(a, w1);
    add_4 U2(a, {b3, b2, b1, b0}, z, co);
    assign out = z;
endmodule
```

例 3.3-5 用 Verilog HDL 门级建模方式描述最小项表达式。

本例是用门级建模方式描述给定的最小项表达式 F(a, b, c) = m1 + m2 + m3 + m6 + m7。实现功能的基础是先使用卡诺图将表达式化到最简，再根据最简表达式使用门级建模 F = (!a)c + b。

具体的 Verilog HDL 程序代码如下：

```
module zuixiaoxiang_g(out, a, b, c);
    input a, b, c;
    output out;
    wire s1, s2;
    not U1(s1, a);
    and U2(s2, s1, c);
    or  U3(out, s2, b);
endmodule
```

例 3.3-6 用 Verilog HDL 门级建模方式描述 3 位二进制编码器。

3 位二进制电路输入为 D0～D7，输出为 Y2、Y1、Y0，根据真值表化简得到的逻辑表达式为

$$Y2 = D4 + D5 + D6 + D7$$
$$Y1 = D2 + D3 + D6 + D7$$
$$Y0 = D1 + D3 + D5 + D7$$

3 位二进制编码器的门级电路如图 3.3-1 所示。

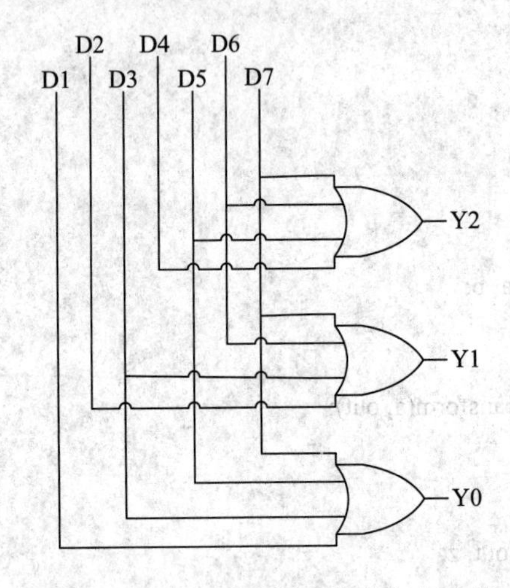

图 3.3-1　3 位二进制编码器的门级电路

```
module binary_coder(Y2, Y1, Y0, D1, D2, D3, D4, D5, D6, D7);
    input D1, D2, D3, D4, D5, D6, D7;
    output Y2, Y1, Y0;
    or U1(Y2, D4, D5, D6, D7);
    or U2(Y1, D2, D3, D6, D7);
    or U3(Y0, D1, D3, D5, D7);
endmodule
```

例 3.3-7 用 Verilog HDL 开关级建模方式设计 CMOS 反相器。

具体的 Verilog HDL 程序代码如下：

```
module my_not(out, in);
    output out;
    input in;
    //定义电源和地
    supply1 pwr;
    supply0 gnd;
    //调用 NMOS 和 PMOS 开关
    pmos(out, pwr, in);
    nmos(out, gnd, in);
endmodule
```

本例设计的 CMOS 反相器如图 3.3-2 所示。

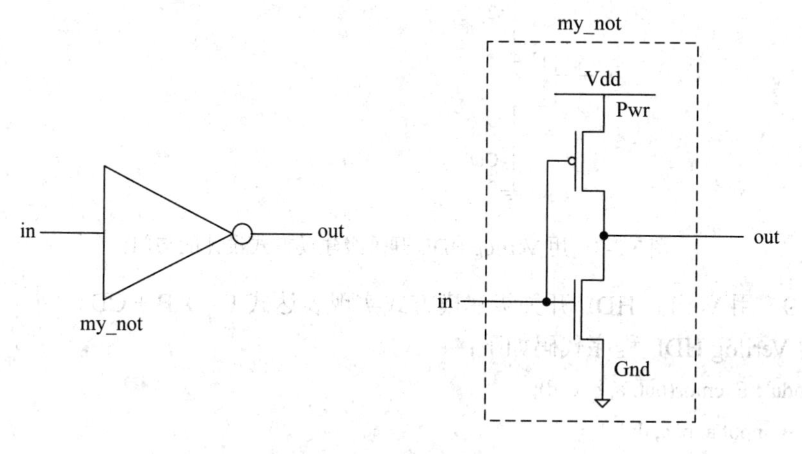

图 3.3-2　CMOS 反相器

例 3.3-8　用 Verilog HDL 开关级建模方式设计与门。

具体的 Verilog HDL 程序代码如下：

```
module and2_1(out, a, b);
    input a, b;
    output out;
    wire s1, s2;
    supply0 Gnd;
    supply1 Vdd;
    pmos U1(s1, Vdd, a);
    pmos U2(s1, Vdd, b);
    nmos U3(s1, s2, a);
    nmos U4(s2, Gnd, b);
    pmos U5(out, Vdd, s1);
    nmos U6(out, Gnd, s1);
endmodule
```

本例所设计的与门如图 3.3-3 所示。

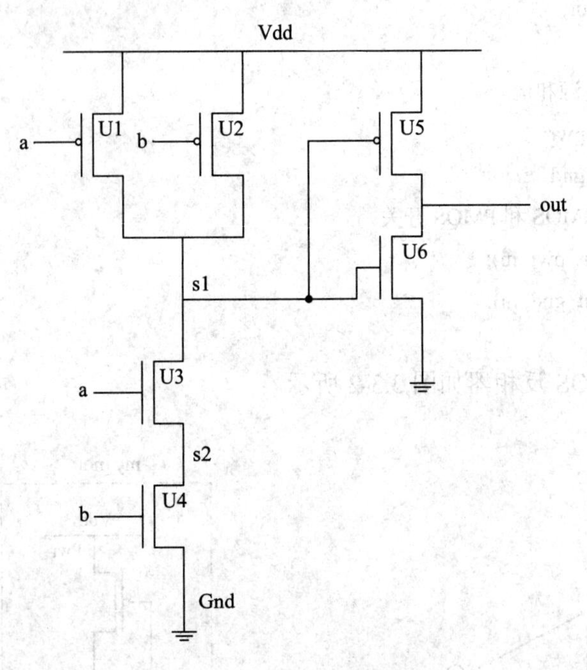

图 3.3-3　用 Verilog HDL 开关级建模方式设计的与门

例 3.3-9　用 Verilog HDL 开关级建模方式实现表达式 F = AB + CD。

具体的 Verilog HDL 程序代码如下：

```
module F_cmos(out, a, b, c, d);
    input a, b, c, d;
    output out;
    wire s1, s2, s3, s4;
    supply1 Vdd;
    supply0 Gnd;
    pmos U1(s1, Vdd, a);
    pmos U2(s1, Vdd, b);
    pmos U3(s2, s1, c);
    pmos U4(s2, s1, d);
    nmos U5(s2, s3, a);
    nmos U6(s2, s4, c);
    nmos U7(s3, Gnd, b);
    nmos U8(s4, Gnd, d);
    pmos U9(out, Vdd, s2);
    nmos U10(out, Gnd, s2);
endmodule
```

本例所设计的表达式的开关级电路如图 3.3-4 所示。

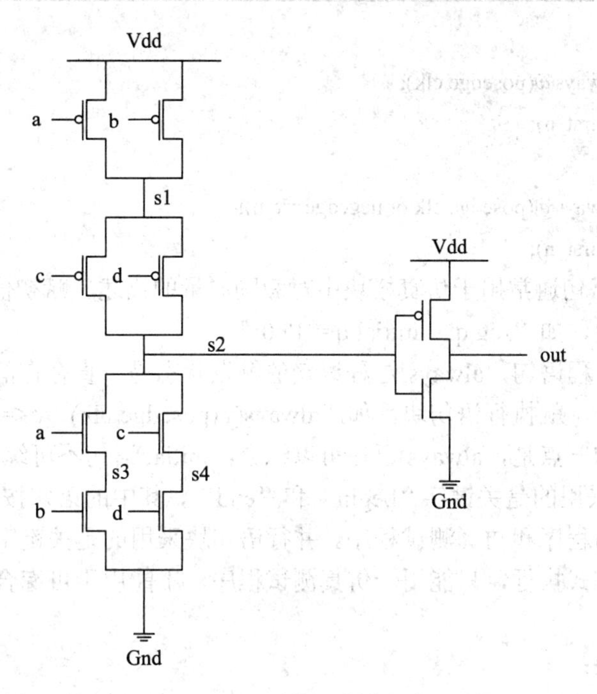

图 3.3-4 用 Verilog HDL 开关级建模方式设计的 F=AB+CD

教材思考题和习题解答

1. 连续赋值语句的赋值目标只能是线网类型(wire)，不能是寄存器类型，且连续赋值语句在赋值过程中总是处于激活状态。而过程赋值语句的赋值目标只能为寄存器类型(reg)，且过程赋值语句功能很强，既可以描述时序逻辑电路也可以描述组合逻辑电路。

连续赋值语句不能出现在过程块中。

2. 用连续赋值语句描述的 4 选 1 数据选择器：

```
module mux4(sel, d_in0, d_in1, d_in2, d_in3, d_out);
    input [3:0] d_in0, d_in1, d_in2, d_in3;
    input [1:0] sel;
    output d_out;
    wire [3:0] d_out;
    wire [7:0] w;
    assign w=sel[0]?{d_in3, d_in1}:{d_in2, d_in0};
    assign d_out=sel[1]?w[1]:w[0];
endmodule
```

3. Verilog HDL 中常用的复位方式有同步复位和异步复位。行为级描述中，同步复位和异步复位的区别体现在 always 后的敏感事件列表中包含的条件。异步复位与时钟没有关系，有复位信号时不用等待时钟沿来临就可以复位。

同步复位：

```
always@(posedge clk);
if(!rst_n);
```

异步复位：

```
always@(posedge clk or negedge rst_n);
if(!rst_n);
```

4. initial 过程语句通常用于仿真模块中对激励向量的描述、赋初值、信号监视或用于给寄存器变量赋初值，如“reg q;　initial q = 1'b0;”。

相对于 initial 过程语句，always 过程语句的触发状态是一直存在的，只要满足 always 后面的敏感事件列表，就执行语句块，如“always@(posedge clk)　q<=in;”。

另外比较重要的一点是，always 语句可以综合，initial 语句不可综合。

5. 串行语句块采用的是关键字“begin”和“end”，其中的语句按串行方式顺序执行，可以用于可综合电路程序和仿真测试程序。并行语句块采用的是关键字“fork”和“join”，其中的语句按并行方式执行，只能用于仿真测试程序，不能用于可综合电路程序。

波形(A)：

采用串行语句块：

```
module waveA;
    reg wave;
    initial
        begin
                    wave = 0;
            #10     wave = 1;
            #20     wave = 0;
            #20     wave = 1;
        end
endmodule
```

采用并行语句块：

```
module waveA;
    reg wave;
    initial
        fork
                    wave = 0;
            #10     wave = 1;
            #30     wave = 0;
            #50     wave = 1;
        join
endmodule
```

波形(B)：

采用串行语句块：

```
module waveB;
    reg wave;
    initial
        begin
                    wave = 1;
            #10     wave = 0;
            #10     wave = 1;
            #20     wave = 0;
            #10     wave = 1;
        end
endmodule
```

采用并行语句块：

```
module waveA;
    reg wave;
    initial
        fork
                    wave = 1;
            #10     wave = 0;
            #20     wave = 1;
            #40     wave = 0;
            #50     wave = 1;
        join
endmodule
```

6. 代码 1 与代码 2 都是对变量 mem 进行了从 0 到 63 的赋值，不同的是，代码 1 是在一次时钟上升沿之后连续进行循环赋值，而代码 2 是每次循环中都等到时钟上升沿到来后才执行一次赋值。

7. 一个语句块中有多条阻塞赋值语句，如果前面的赋值语句没有完成，后面的语句就不能执行。而一个语句块中有多条非阻塞赋值语句，则后面语句的执行不会受到前面语句的限制。执行阻塞赋值语句的顺序是，先计算等号右端表达式的值，然后立刻将计算的值赋给左边的变量，与仿真时间无关。而执行非阻塞赋值语句的顺序是，先计算右端表达式的值，然后等待延迟时间的结束，再将计算的值赋给左边的变量。

程序(1)：阻塞赋值语句示例。

```
module DFF_C1(clk, q, in_1);
    input clk, in_1;
    output q;
    reg q;
    reg temp;
    always@(posedge clk)
    begin
```

```
            temp=in_1;
            q=temp;
        end
endmodule
```

程序(1)对应的电路如题 7 图(a)所示。

程序(2)：非阻塞赋值语句示例。

```
module DFF_C2(clk, q, in_1);
        input clk, in_1;
        output q;
        reg q;
        reg temp;
        always@(posedge clk)
        begin
            temp<=in_1;
            q<=temp;
        end
endmodule
```

程序(2)对应的电路如题 7 图(b)所示。

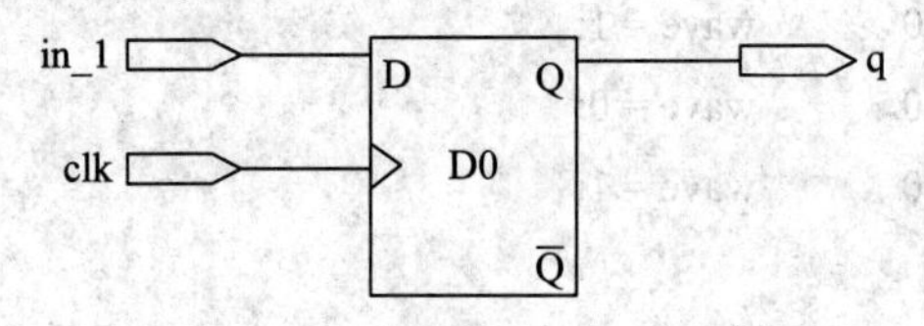

(a) 程序(1)阻塞赋值对应的电路

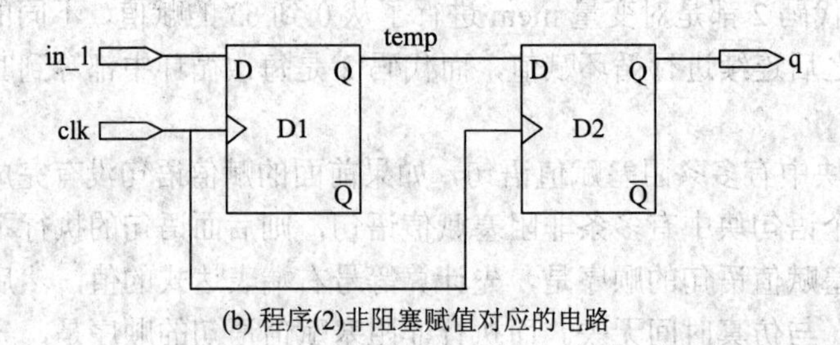

(b) 程序(2)非阻塞赋值对应的电路

题 7 图

8. (1) 非阻塞赋值语句描述移位寄存器电路：

```
module shifter(din, clk, out3);
        input din, clk;
        output out3;
        reg out0, out1, out2, out3;
        always@(posedge clk)
        begin
```

```
            out0<=din;
            out1<=out0;
            out2<=out1;
            out3<=out2;
        end
    endmodule
```

(2) 阻塞赋值语句描述移位寄存器电路：

```
    module shifter(din, clk, out3);
        input din, clk;
        output out3;
        reg out0, out1, out2, out3;
        always@(posedge clk)
        begin
            out3=out2;
            out2=out1;
            out1=out0;
            out0=din;
        end
    endmodule
```

9. 该程序描述的电路如题 9 图所示。

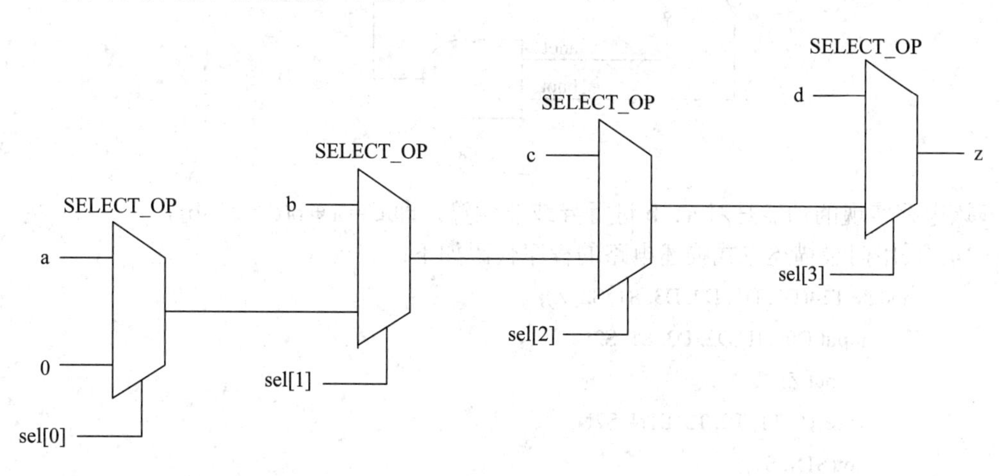

题 9 图

本题的程序采用 if-else 语句的嵌套，判断的顺序是 sel[3]、sel[2]、sel[1]、sel[0]，信号的优先级是 d、c、b、a、0，从而得到如题 9 图所示的电路。

10. case、casex 与 casez 语句都是条件分支语句，三者的表示形式完全相同，三者都可以综合。不同之处在于 case 可以认出 0/1/x/z 四种情况，casez 可以认出 0/1/x 三种情况，casex 只能认出 0/1 这两种情况。casez 和 casex 的综合结果是一致的，casez 稍好用一些，因为它可以用来代表忽略的值。如：

```
casez(sel)
        3'b000: y=a;
        3'b001: y=b;
        3'b01?: y=c;
        3'b1??:y=d;
endcase
```

这段代码如果用 case 写的话，则应写成：

```
case(sel)
        3'b000:                          y=a;
        3'b001:                          y=b;
        3'b010, 3'b011:                  y=c;
        3'b100, 3'b101, 3'b110, 3'b111:  y=d;
endcase
```

11. 略。

12. Verilog HDL 模块的结构描述方式有模块级建模、门级建模和开关级建模三种。

13. 该程序对应的电路图如题 13 图所示。

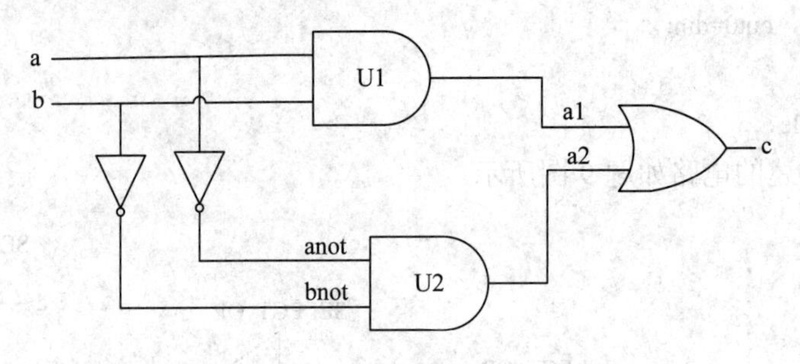

题 13 图

该电路实现的功能是对 a、b 进行异或非运算，即 $c = a \oplus b$(c = a^~b)。

14. 采用门级描述方式描述电路的程序代码如下：

```
module T14(D0, D1, D2, D3, S1, S2, Z);
        input D0, D1, D2, D3, S1, S2;
        output Z;
        wire T0, T1, T2, T3, S1N, S2N;
        not(S1N, S1);
        not(S2N, S2);
        and U1(T0, D0, S2N, S1N);
        and U2(T1, D1, S1N, S1);
        and U3(T2, D2, S2N, S1);
        and U4(T3, D3, S2, S1);
        or(Z, T0, T1, T2, T3);
endmodule
```

第 4 章　Verilog HDL 数字逻辑电路设计方法

❖ **本章主要内容：**

(1) 根据数字电路设计的基本方式，使用 Verilog HDL 进行组合电路和时序电路设计；
(2) 组合电路设计方法；
(3) 典型的组合电路设计例程；
(4) 时序电路设计方法；
(5) 典型的时序电路设计例程；
(6) 有限状态机原理和设计方法；
(7) 有限状态机例程。

❖ **本章重点、难点：**

组合电路设计、时序电路设计和有限状态机设计方法。

4.1　Verilog HDL 的设计思想和可综合特性

1. 真值表方式

例 4.1-1　设计一个具有 4 个裁判 A、B、C、D 的表决电路，其权重分别为 3、2、1、1。当 4 个或 4 个以上的票数为同意时，输出结果为“1”，否则输出为“0”。

电路有四个输入变量 A、B、C、D，代表 4 个裁判；一个输出变量 OUT，代表 4 个裁判投票的结果。根据题目的要求得出表决电路的真值表，如表 4.1-1 所示。

表 4.1-1　表决电路的真值表

A	B	C	D	OUT	A	B	C	D	OUT
0	0	0	0	0	1	0	0	0	0
0	0	0	1	0	1	0	0	1	1
0	0	1	0	0	1	0	1	0	1
0	0	1	1	0	1	0	1	1	1
0	1	0	0	0	1	1	0	0	1
0	1	0	1	0	1	1	0	1	1
0	1	1	0	0	1	1	1	0	1
0	1	1	1	1	1	1	1	1	1

其 Verilog HDL 程序代码如下：

```
module decision(A, B, C, D, OUT);
    input A, B, C, D;
    output OUT;
    reg OUT;
    always @(A or B or C or D)
    case ({A, B, C, D})
        4'b0000 : OUT <= 1'b0;
        4'b0001 : OUT <= 1'b0;
        4'b0010 : OUT <= 1'b0;
        4'b0011 : OUT <= 1'b0;
        4'b0100 : OUT <= 1'b0;
        4'b0101 : OUT <= 1'b0;
        4'b0110 : OUT <= 1'b0;
        4'b0111 : OUT <= 1'b1;
        4'b1000 : OUT <= 1'b0;
        4'b1001 : OUT <= 1'b1;
        4'b1010 : OUT <= 1'b1;
        4'b1011 : OUT <= 1'b1;
        4'b1100 : OUT <= 1'b1;
        4'b1101 : OUT <= 1'b1;
        4'b1110 : OUT <= 1'b1;
        4'b1111 : OUT <= 1'b1;
    endcase
endmodule
```

例 4.1-2 用真值表方式设计 4 选 1 数据选择电路。

具体的 Verilog HDL 程序代码如下：

```
module MUX(out, data, sel);
    output out;
    input [3:0] data;
    input [1:0] sel;
    reg out;
    always @(data or sel)
    case (sel)
        2'b00 : out <= data[0];
        2'b01 : out <= data[1];
        2'b10 : out <= data[2];
        2'b11 : out <= data[3];
    endcase
endmodule
```

例 4.1-3　用真值表方式设计补码变换器。

将符号位拼接到数据上，构成输入数据，找出输入数据的真值表，利用 case 语句直接输出结果。表 4.1-2 显示了原码与补码的变换关系。

表 4.1-2　例 4.1-3 真值表

符号位/原码	补码	符号位/原码	补码
00000	0000	10000	0000
00001	0001	10001	1111
00010	0010	10010	1110
00011	0011	10011	1101
00100	0100	10100	1100
00101	0101	10101	1011
00110	0110	10110	1010
00111	0111	10111	1001
01000	1000	11000	1000
01001	1001	11001	0111
01010	1010	11010	0110
01011	1011	11011	0101
01100	1100	11100	0100
01101	1101	11101	0011
01110	1110	11110	0010
01111	1111	11111	0001

具体的 Verilog HDL 程序代码如下：

```
module complement_trans4(s, a, out);
    input s;
    input [3:0] a;
    output [3:0] out;
    reg [3:0] out;
    always @(a)
    case({s, a})
        5'b00000: out <= 4'b0000;
        5'b00001: out <= 4'b0001;
        5'b00010: out <= 4'b0010;
        5'b00011: out <= 4'b0011;
        5'b00100: out <= 4'b0100;
        5'b00101: out <= 4'b0101;
        5'b00110: out <= 4'b0110;
        5'b00111: out <= 4'b0111;
        5'b01000: out <= 4'b1000;
```

```
            5'b01001: out <= 4'b1001;
            5'b01010: out <= 4'b1010;
            5'b01011: out <= 4'b1011;
            5'b01100: out <= 4'b1100;
            5'b01101: out <= 4'b1101;
            5'b01110: out <= 4'b1110;
            5'b01111: out <= 4'b1111;
            5'b10000: out <= 4'b0000;
            5'b10001: out <= 4'b1111;
            5'b10010: out <= 4'b1110;
            5'b10011: out <= 4'b1101;
            5'b10100: out <= 4'b1100;
            5'b10101: out <= 4'b1011;
            5'b10110: out <= 4'b1010;
            5'b10111: out <= 4'b1001;
            5'b11000: out <= 4'b1000;
            5'b11001: out <= 4'b0111;
            5'b11010: out <= 4'b0110;
            5'b11011: out <= 4'b0101;
            5'b11100: out <= 4'b0100;
            5'b11101: out <= 4'b0011;
            5'b11110: out <= 4'b0010;
            5'b11111: out <= 4'b0001;
        endcase
endmodule
```

2. 逻辑表达式方式

例 4.1-4 用逻辑表达式方式设计组合电路。

例 4.1-1 的逻辑表达式为 OUT = AB + AC + AD + BCD，采用逻辑表达式方式设计的 Verilog HDL 程序代码如下：

```
module decision (A, B, C, D, OUT);
    input A, B, C, D;
    output OUT;
    assign OUT = (A&B)|(A&C)|(A&D)|((B&C)&D);
endmodule
```

例 4.1-5 用逻辑表达式方式设计 4 选 1 数据选择电路。

4 选 1 数据选择器的逻辑函数是：

$$out = \overline{sel[1]} \cdot \overline{sel[0]} \cdot data[0] + \overline{sel[1]} \cdot sel[0] \cdot data[1] + sel[1] \cdot \overline{sel[0]} \cdot data[2] + sel[1] \cdot sel[0] \cdot data[3]$$

所以，其逻辑表达式方式的 Verilog HDL 程序代码如下：

```
module MUX (out, data, sel);
    output out;
    input [3:0] data;
    input [1:0] sel;
    wire w1, w2, w3, w4;
        assign w1 = (~sel[1])&(~sel[0])&data[0];
        assign w2 = (~sel[1])&sel[0]&data[1];
        assign w3 = sel[1]&(~sel[0])&data[2];
        assign w4 = sel[1]&sel[0]&data[3];
        assign out = w1|w2|w3|w4;
endmodule
```

例 4.1-6 用逻辑表达式方式设计一个将 8421BCD 码转换为余 3 码的变换电路。

根据两种码的编码关系，可列出真值表，由于 8421BCD 码不会出现 1010～1111 这六种状态，因此将其视为无关项。

画卡诺图，得到输出函数表达式：

$$E_3 = A + BC + BD = \overline{\overline{A} \cdot \overline{BC} \cdot \overline{BD}}$$

$$E_2 = B\overline{C}\overline{D} + \overline{B}C + \overline{B}D = B(\overline{C+D}) + \overline{B}(C+D) = B\oplus(C+D)$$

$$E_1 = \overline{C}\overline{D} + CD = C\otimes D = C\oplus D$$

$$E_0 = \overline{D}$$

根据逻辑函数表达式可以很方便地写出采用逻辑表达式方式的 Verilog HDL 程序：

```
module BCDtoyu3(Q, E);
    input [3:0] Q;
    output [3:0] E;
    wire [3:0] E;
    wire A, B, C, D;
    assign Q = {A, B, C, D};
    assign E[3] = ~(~A&~(B&C)&~(B&D));
    assign E[2] = B^(C|D);
    assign E[1] = C^D;
    assign E[0] = ~D;
endmodule
```

例 4.1-7 用逻辑表达式方式实现 4 位格雷码转换。

根据真值表得到余 3 码转换逻辑表达式：

$$g3 = b3$$

$$g2 = b3 \oplus b2$$

$$g1 = b2 \oplus b1$$

$$g0 = b1 \oplus b0$$

描述该逻辑表达式，即可得到对应的转换电路。采用逻辑表达式方式的 Verilog HDL 程序代码如下：

```
module b_to_gray(b, g);
    input   [3:0] b;
    output   [3:0] g;
    wire   [3:0] g;
    assign g[3] = b[3];
    assign g[2] = b[3]^b[2];
    assign g[1] = b[2]^b[1];
    assign g[0] = b[1]^b[0];
endmodule
```

3. 结构描述方式

例 4.1-8　用结构描述方式设计组合电路。

4 位表决电路的逻辑图如图 4.1-1 所示。

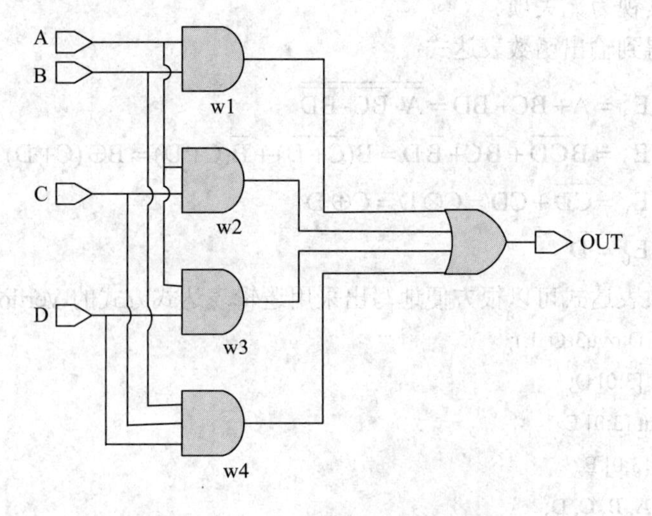

图 4.1-1　4 位表决电路的逻辑图

该电路的 Verilog HDL 程序代码如下：

```
module decision(A, B, C, D, OUT);
    input A, B, C, D;
    output OUT;
    wire w1, w2, w3, w4;
    and U1 (w1, A, B);
    and U2 (w2, A, C);
    and U3 (w3, A, D);
    and U4 (w4, B, C, D);
    or U5 (OUT, w1, w2, w3, w4);
endmodule
```

例 4.1-9　用门级建模方式设计 4 选 1 数据选择电路。

图 4.1-2 是 4 选 1 数据选择器的逻辑电路图。

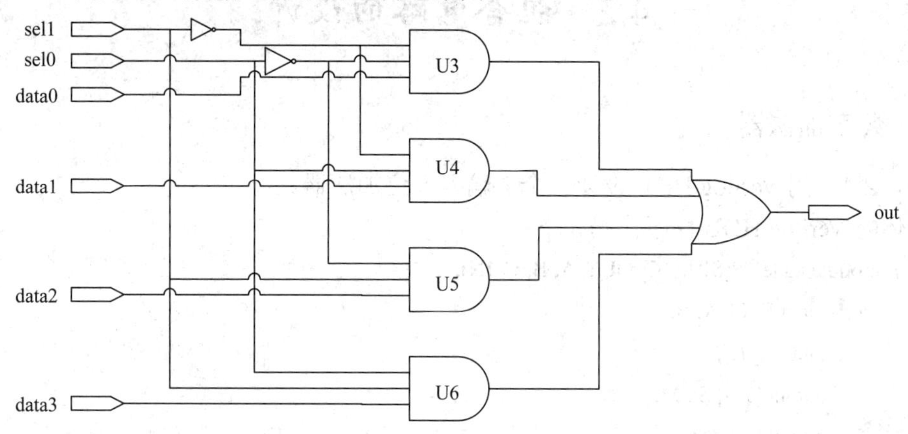

图 4.1-2　4 选 1 数据选择器的逻辑电路图

该电路的 Verilog HDL 程序代码如下：

```
module MUX(out, data, sel);
      output out;
      input [3:0] data;
      input [1:0] sel;
      wire w1, w2, w3, w4, w5, w6;
      not U1 (w1, sel[1]);
          U2 (w2, sel[0]);
      and U3 (w3, w1, w2, data[0]);
          U4 (w4, w1, sel[0], data[1]);
          U5 (w5, sel[1], w2, data[2]);
          U6 (w6, sel[1], sel[0], data[3]);
      or  U7 (out, w3, w4, w5, w6);
endmodule
```

4. 抽象描述方式

例 4.1-10　用抽象描述方式设计组合电路。

例 4.1-1 中的投票表决电路采用抽象方式时，将 4 个输入变量相加，当相加的结果大于等于 4 时表示判决成功，即表示投票成功。采用抽象描述方式的 Verilog HDL 程序代码如下：

```
module decision(A, B, C, D, OUT);
      input A, B, C, D;
      output OUT;
      wire  [2:0] SUM;
      assign SUM = 3*A + 2*B + C + D;
      assign OUT = SUM[2];
endmodule
```

4.2 组合电路的设计

4.2.1 数字加法器

例 4.2-1　用 Verilog HDL 设计一个 2 输入 8 位加法器。

具体的 Verilog HDL 程序代码如下：

```
module adder_8(SUM, C_OUT, A, B, C_IN);
    input [7:0]  A, B;
    input C_IN;
    output [7:0] SUM;
    output C_OUT;
    assign {C_OUT, SUM} = A+B+C_IN;
endmodule
```

例 4.2-2　用查找表的方式实现真值表中的加法器。

具体的 Verilog HDL 程序代码如下：

```
module lookup_adder(cout, sum, cin, ain, bin);
    input cin, ain, bin;
    output cout, sum;
    reg cout, sum;
    always@(cin or ain or bin)
        begin
            case({cin, ain, bin})
                3'b000: {cout, sum} <= 2'b00;
                3'b001: {cout, sum} <= 2'b01;
                3'b010: {cout, sum} <= 2'b01;
                3'b011: {cout, sum} <= 2'b10;
                3'b100: {cout, sum} <= 2'b01;
                3'b101: {cout, sum} <= 2'b10;
                3'b110: {cout, sum} <= 2'b10;
                default: {cout, sum} <= 2'bxx;
            endcase
        end
endmodule
```

4.2.2 数据比较器

例 4.2-3　用 Verilog HDL 设计一个 1 位数据比较器。

1 位数据比较器的功能是将两个 1 位二进制数 a 和 b 进行比较。其电路图如图 4.2-1 所示。

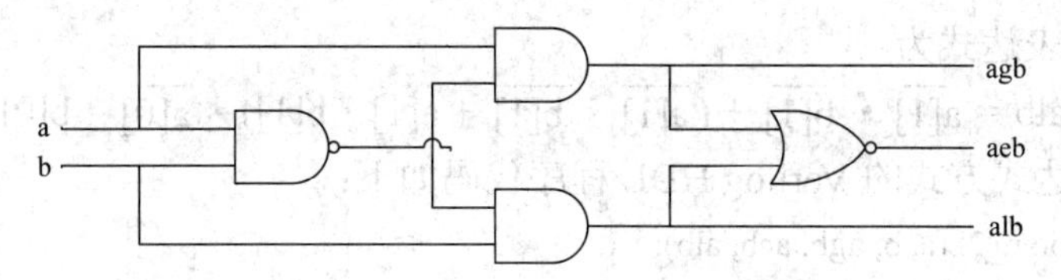

图 4.2-1　1 位数据比较器的电路图

从图 4.2-1 中可看到：

a > b 的逻辑表达式为 $agb = a \cdot \overline{b}$；

a = b 的逻辑表达式为 $aeb = \overline{a} \cdot \overline{b} + a \cdot b$;

a < b 的逻辑表达式为 $alb = \overline{a} \cdot b$。

采用逻辑表达式方式的 Verilog HDL 程序代码如下：

```
module comp_1b(a, b, agb, aeb, alb);
    input a, b;
    output agb, aeb, alb;
    wire agb, aeb, alb;
    assign agb = a&(~b);
    assign aeb = a^~b;
    assign alb = (~a)&b;
endmodule
```

例 4.2-4　用 Verilog HDL 设计一个两位数据比较器。

多位数据比较器的比较过程是按照数值比较高位先比的规则，在高位比较有结果的情况下，不需要考虑低位的内容，只有在高位相等时，才进行低位比较。两位二进制数 a[1]a[0] 和 b[1]b[0] 的比较过程是先对高位 a[1] 和 b[1] 进行比较，如果 a[1] > b[1]，那么不管 a[0] 和 b[0] 为何值，结果为 a > b；若 a[1] < b[1]，结果为 a < b。如果高位相等，a[1] = b[1]，再比较低位数 a[0] 和 b[0]，如果 a[0] > b[0]，则 a > b；如果 a[0] < b[0]，则 a < b；如果 a[0] = b[0]，则 a = b。两位数据比较器的电路图如图 4.2-2 所示。

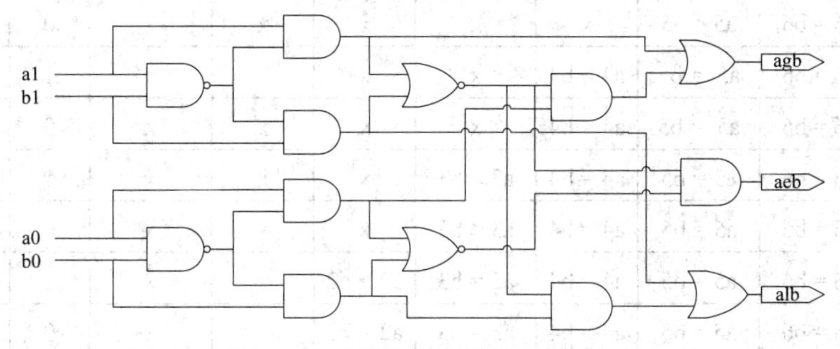

图 4.2-2　两位数据比较器电路图

从图 4.2-2 可得出：

a > b 的逻辑表达式为

$$agb = a[1] \cdot \overline{b[1]} + (\overline{a[1]} \cdot \overline{b[1]} + a[1] \cdot b[1]) \cdot a[0] \cdot \overline{b[0]}$$

a = b 的逻辑表达式为

$$aeb = (\overline{a[1]} \cdot \overline{b[1]} + a[1] \cdot b[1]) \cdot (\overline{a[0]} + \overline{b[0]} + a[0] \cdot b[0])$$

a < b 的逻辑表达式为

$$alb = \overline{a[1]} \cdot \overline{b[1]} + (\overline{a[1]} \cdot \overline{b[1]} + a[1] \cdot b[1]) \cdot \overline{a[0]} \cdot b[0]$$

采用逻辑表达式方式的 Verilog HDL 程序代码如下：

```
module comp_2b(a, b, agb, aeb, alb);
    put [1:0] a, b;
    tput agb, aeb, alb;
    re agb, aeb, alb;
    sign agb = (a[1]&(~b[1]))|((a[1]^~b[1])&a[0]&(~b[0]));
    sign aeb = (a[1]^~b[1])&(a[0]^~b[0]);
    sign alb = ((~a[1])&b[1])|((a[1]^~b[1])&(~a[0])&b[0]);
endmodule
```

例 4.2-5　用 Verilog HDL 设计一个 8 位数据比较器。

8 位数据比较器是将两个 8 位的二进制数进行比较。应首先比较最高位 a7 和 b7，如果 a7 > b7，那么不管其它几位数为何值，结果为 a > b；若 a7 < b7，结果为 a < b。如果高位相等，即 a7 = b7，就必须通过比较低一位 a6 和 b6 来判断 a 和 b 的大小。如果 a6 = b6，还必须通过比较更低一位 a5 和 b5 来判断，直到最低位比较完。8 位数据比较器的真值表如表 4.2-1 所示。

表 4.2-1　8 位数据比较器的真值表

输　入								输　出		
a7 b7	a6 b6	a5 b5	a4 b4	a3 b3	a2 b2	a1 b1	a0 b0	agb	aeb	alb
a7 > b7	x	x	x	x	x	x	x	1	0	0
a7 < b7	x	x	x	x	x	x	x	0	0	1
a7 = b7	a6 > b6	x	x	x	x	x	x	1	0	0
a7 = b7	a6 < b6	x	x	x	x	x	x	0	0	1
a7 = b7	a6 = b6	a5 > b5	x	x	x	x	x	1	0	0
a7 = b7	a6 = b6	a5 < b5	x	x	x	x	x	0	0	1
a7 = b7	a6 = b6	a5 = b5	a4 > b4	x	x	x	x	1	0	0
a7 = b7	a6 = b6	a5 = b5	a4 < b4	x	x	x	x	0	0	1
a7 = b7	a6 = b6	a5 = b5	a4 = b4	a3 > b3	x	x	x	1	0	0
a7 = b7	a6 = b6	a5 = b5	a4 = b4	a3 < b3	x	x	x	0	0	1
a7 = b7	a6 = b6	a5 = b5	a4 = b4	a3 = b3	a2 > b2	x	x	1	0	0
a7 = b7	a6 = b6	a5 = b5	a4 = b4	a3 = b3	a2 < b2	x	x	0	0	1
a7 = b7	a6 = b6	a5 = b5	a4 = b4	a3 = b3	a2 = b2	a1 > b1	x	1	0	0
a7 = b7	a6 = b6	a5 = b5	a4 = b4	a3 = b3	a2 = b2	a1 < b1	x	0	0	1
a7 = b7	a6 = b6	a5 = b5	a4 = b4	a3 = b3	a2 = b2	a1 = b1	a0 > b0	1	0	0
a7 = b7	a6 = b6	a5 = b5	a4 = b4	a3 = b3	a2 = b2	a1 = b1	a0 < b0	0	0	1
a7 = b7	a6 = b6	a5 = b5	a4 = b4	a3 = b3	a2 = b2	a1 = b1	a0 = b0	0	1	0

用{agb, aeb, alb}表示结果{a>b, a<b, a=b}，采用抽象描述方式的 Verilog HDL 程序代码如下：

```
module comp_8b(a, b, agb, aeb, alb);
    parameter w = 8;
    input [w-1:0]   a, b;
    output agb, aeb, alb;
    reg agb, aeb, alb;
    always@(a or b)
        if(a>b) {agb, aeb, alb} = 3'b100;
        else if(a<b) {agb, aeb, alb} = 3'b001;
        else {agb, aeb, alb} = 3'b010;
endmodule
```

4.2.3　数据选择器

例 4.2-6　用“？”操作符设计一个 2 选 1 数据选择器。

2 选 1 数据选择器是一种最简单的数据选择器，它具有 1 位选择信号和 2 位输入信号。当 sel = 0 时，输出 d_out = d_in[0]；当 sel = 1 时，输出 d_out = d_in[1]。其输出端的逻辑表达式可写成 d_out = $\overline{sel}$ · d_in[0] + sel · d_in[1]。

2 选 1 数据选择器的电路图如图 4.2-3 所示。

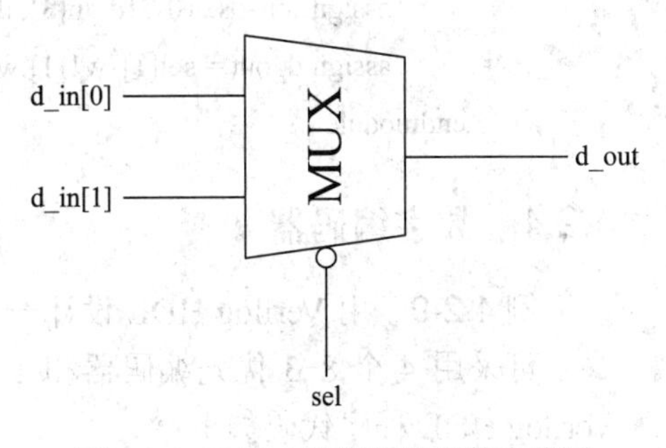

图 4.2-3　2 选 1 数据选择器的电路图

采用“?”操作符进行设计的 Verilog HDL 程序代码如下：

```
module mux2to1(d_in, d_out, sel);
    input [1:0] d_in;
    input sel;
    output d_out;
    wire d_out;
    assign d_out = sel?d_in[1]:d_in[0];
endmodule
```

例 4.2-7　用“if-else”语句设计一个 2 选 1 数据选择器。

采用“if-else”语句进行 2 选 1 数据选择器设计的 Verilog HDL 程序代码如下：

```
module mux2to1_1(d_in, d_out, sel);
    input [1:0] d_in;
    input sel;
    output d_out;
    reg d_out;
```

```
    always @(d_in or sel)
    begin
        if(sel) d_out = d_in[1];
        else    d_out = d_in[0];
    end
endmodule
```

例 4.2-8 用条件运算符设计一个 4 选 1 数据选择器。

采用条件操作符实现 4 选 1 数据选择器的 Verilog HDL 程序代码如下：

```
module mux4to1_2(d_in, d_out, sel);
    input [3:0] d_in;
    input [1:0] sel;
    output d_out;
    wire d_out;
    wire [1:0] w1;
    assign w1 = sel[0]?{d_in[3], d_in[1]}:{d_in[2], d_in[0]};
    assign d_out = sel[1]?w1[1]:w1[0];
endmodule
```

4.2.4 数字编码器

例 4.2-9 用 Verilog HDL 设计一个 32-5 优先编码器。

可采用 4 个 8-3 优先编码器和 1 个 4-2 优先编码器级联成 32-5 优先编码器，具体的 Verilog HDL 程序代码如下：

```
module encoder32to5_p(din, dout, ien, ys, yex);
    input [31:0] din;
    input ien;
    output ys, yex;
    output [4:0] dout;
    wire w1, w2, w3, w4, w5, w6, w7;
    wire [2:0] mid1, mid2, mid3, mid4;
    encoder8to3_p   U1(din[7:0], mid1, w3, ys, w4);
                    U2(din[15:8], mid2, w2, w3, w5);
                    U3(din[23:16], mid3, w1, w2, w6);
                    U4(din[31:24], mid4, ien, w1, w7);
    encoder4to2_p   U5(.din({w7, w6, w5, w4}), .dout(dout[4:3]), .yex(yex));
    assign dout[2:0] = mid1&mid2&mid3&mid4;
endmodule

module encoder4to2_p(din, dout, yex);
    input [3:0] din;
```

```
        output [1:0] dout;
        output yex;
        reg yex;
        reg [1:0] dout;
        always@(din)
            casex(din)
                4'b0???:{dout, yex} = {2'b00, 1'b0};
                4'b10??:{dout, yex} = {2'b01, 1'b0};
                4'b110?:{dout, yex} = {2'b10, 1'b0};
                4'b1110:{dout, yex} = {2'b11, 1'b0};
                4'b1111:{dout, yex} = {2'b11, 1'b1};
            endcase
    endmodule

    module encoder8to3_p(din, dout, ien, ys, yex);
        input [7:0] din;
        input ien;
        output ys, yex;
        output [2:0] dout;
        reg [2:0] dout;
        reg ys, yex;
        always@(din or ien)
            if(ien)
                {dout, ys, yex} = {3'b111, 1'b1, 1'b1};
            else
                begin
                    casex(din)
                        8'b0???????: {dout, ys, yex} = {3'b000, 1'b1, 1'b0};
                        8'b10??????: {dout, ys, yex} = {3'b001, 1'b1, 1'b0};
                        8'b110?????: {dout, ys, yex} = {3'b010, 1'b1, 1'b0};
                        8'b1110????: {dout, ys, yex} = {3'b011, 1'b1, 1'b0};
                        8'b11110???: {dout, ys, yex} = {3'b100, 1'b1, 1'b0};
                        8'b111110??: {dout, ys, yex} = {3'b101, 1'b1, 1'b0};
                        8'b1111110?: {dout, ys, yex} = {3'b110, 1'b1, 1'b0};
                        8'b11111110: {dout, ys, yex} = {3'b111, 1'b1, 1'b0};
                        8'b11111111: {dout, ys, yex} = {3'b111, 1'b0, 1'b1};
                    endcase
                end
    endmodule
```

例 4.2-10　用 Verilog HDL 设计一个余 3 码编码器。

将十进制数 0～9 这 10 个信号编成余 3 码的电路叫做余 3 码编码器。它的输入是代表 0～9 这 10 个数符的状态信号，有效信号为 1，即某信号为 1 时，则表示要对它进行编码，输出是相应的余 3 码。其真值表如表 4.2-2 所示。

表 4.2-2　余 3 码编码器的真值表

输入	输出	输入	输出
0000000001	0011	0000100000	1000
0000000010	0100	0001000000	1001
0000000100	0101	0010000000	1010
0000001000	0110	0100000000	1011
0000010000	0111	1000000000	1100

根据真值表可以很方便地用 case 语句写出 Verilog HDL 程序代码：

```
module yu3(dout, din);
    output [3:0] dout;
    input [9:0] din;
    reg [3:0] dout;
    always@(din)
        case(din)
            10'b0000000001: dout = 4'b0011;
            10'b0000000010: dout = 4'b0100;
            10'b0000000100: dout = 4'b0101;
            10'b0000001000: dout = 4'b0110;
            10'b0000010000: dout = 4'b0111;
            10'b0000100000: dout = 4'b1000;
            10'b0001000000: dout = 4'b1001;
            10'b0010000000: dout = 4'b1010;
            10'b0100000000: dout = 4'b1011;
            10'b1000000000: dout = 4'b1100;
        endcase
endmodule
```

4.2.5　数字译码器

例 4.2-11　用 Verilog HDL 设计一个 8421BCD 码转二进制译码器。

BCD 译码器又称 4 线-10 线译码器，它的逻辑框图如图 4.2-4 所示。BCD 译码器的输入是一组 BCD 代码。输入端 d_in0 表示最低位，d_in3 表示最高位；输出端 d_out0 表示最低位，d_out9 表示最高位。

上述 BCD 译码器的真值表见表 4.2-3。从真值表可见，译码地址输入端 d_in3～d_in0 的每一组码，都对应某一位输出端输出高电平，为输出译码信号。另外，未被使用的地址输入码组(1010～1111)输入时，所有输出端输出均为低电平(无信号输出)。

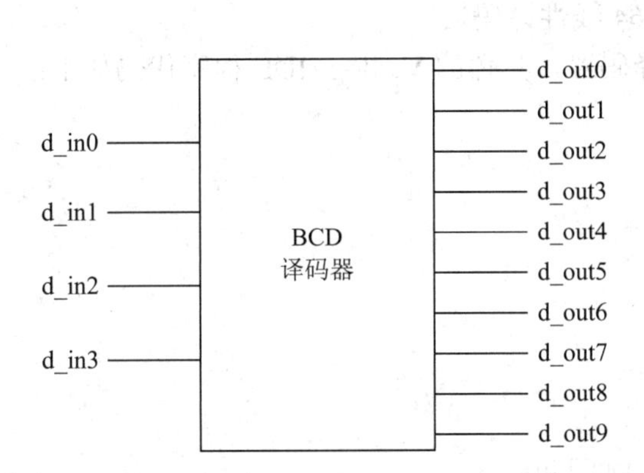

图 4.2-4 BCD 译码器的逻辑框图

表 4.2-3 BCD 译码器真值表

d_in	d_out
0000	0000000001
0001	0000000010
0010	0000000100
0011	0000001000
0100	0000010000
0101	0000100000
0110	0001000000
0111	0010000000
1000	0100000000
1001	1000000000
1010	0000000000
1011	0000000000
1100	0000000000
1101	0000000000
1110	0000000000
1111	0000000000

具体的 Verilog HDL 程序代码如下：

```
module decode_BCD(d_in, d_out);
    input [3:0] d_in;
    output [9:0] d_out;
    reg [9:0] d_out;
    always@(d_in)
        begin
            case(d_in)
                4'b0000: d_out = 10'b0000000001;
                4'b0001: d_out = 10'b0000000010;
                4'b0010: d_out = 10'b0000000100;
                4'b0011: d_out = 10'b0000001000;
                4'b0100: d_out = 10'b0000010000;
                4'b0101: d_out = 10'b0000100000;
                4'b0110: d_out = 10'b0001000000;
                4'b0111: d_out = 10'b0010000000;
                4'b1000: d_out = 10'b0100000000;
                4'b1001: d_out = 10'b1000000000;
```

```
                default: d_out = 10'b0000000000;
            endcase
        end
endmodule
```

例 4.2-12 用 Verilog HDL 设计一个 6-64 线性译码器。

可以利用 9 个 3-8 译码器级联成 6-64 译码器，具体的 Verilog HDL 程序代码如下：

```
module decoder6to64(din, ien, dout);
    input [5:0] din;
    input ien;
    output [63:0] dout;
    reg [63:0] dout;
    wire [7:0] mid;
    decoder3to8     U1(din[5:3], ien, mid);
                    U2(din[2:0], mid[0], dout[7:0]);
                    U3(din[2:0], mid[1], dout[15:8]);
                    U4(din[2:0], mid[2], dout[23:16]);
                    U5(din[2:0], mid[3], dout[31:24]);
                    U6(din[2:0], mid[4], dout[39:32]);
                    U7(din[2:0], mid[5], dout[47:40]);
                    U8(din[2:0], mid[6], dout[55:48]);
                    U9(din[2:0], mid[7], dout[63:56]);
endmodule

module decoder3to8(din, ien, dout);
    input [2:0] din;
    input ien;
    output [7:0] dout;
    reg [7:0] dout;
    always@(din or ien or dout)
    if(!ien) dout = 8'b0;
    else
        case(din)
            3'b000:dout = 8'b00000001;
            3'b001:dout = 8'b00000010;
            3'b010:dout = 8'b00000100;
            3'b011:dout = 8'b00001000;
            3'b100:dout = 8'b00010000;
            3'b101:dout = 8'b00100000;
            3'b110:dout = 8'b01000000;
```

```
            3'b111:dout = 8'b10000000;
        endcase
endmodule
```

4.2.6　奇偶校验器

例 4.2-13　用 Verilog HDL 设计一个奇偶校验产生器。

可以通过归约运算判断数据中 1 的个数的奇偶，并将判断的结果和数据一同发送，从而在接收端同时得到数据和数据中 1 的个数的奇偶性，以便于检测核对。具体的 Verilog HDL 程序代码如下：

```
module check(datain, data_even, data_odd);
    output [8:0] data_even, data_odd;
    input [7:0] datain;
    wire even, odd;
    assign even = ^datain;
    assign odd = ~even;
    assign data_even = {datain, even};
    assign data_odd = {datain, odd};
endmodule
```

*4.2.7　其它类型的组合电路

1. 数据分配器

例 4.2-14　用 Verilog HDL 设计一个数据分配器。

数据分配器又称多路分配器(DEMUX)，其功能与数据选择器相反，它可以将一路输入数据按 n 位地址分送到 2^n 个数据输出端上。这里以 n = 3 为例，真值表如表 4.2-4 所示。

表 4.2-4 根据真值表可以很方便地用 case 语句写出具体的 Verilog HDL 程序代码：

```
module DEMUX(E, D, A, Y);
    input E;
    input [1:0] A;
    input D;
    output [3:0] Y;
    reg [3:0] Y;
    always@(E)
        if(E)
            Y = 4'b1111;
    else
        begin
            case(A)
                2'b00:Y[0] <= D;
```

```
                    2'b01:Y[1] <= D;
                    2'b10:Y[2] <= D;
                    2'b11:Y[3] <= D;
                endcase
            end
    endmodule
```

表 4.2-4　数据分配器的真值表

E	A1	A0	Y0	Y1	Y2	Y3
1	×	×	1	1	1	1
0	0	0	D	1	1	1
0	0	1	1	D	1	1
0	1	0	1	1	D	1
0	1	1	1	1	1	D

2. 线性分组码

例 4.2-15　用 Verilog HDL 设计一个线性分组码编码器。

本例有 4 位信息位、3 位校验位，校验位根据校验矩阵[1, 1, 1, 0;1, 1, 0, 1;1, 0, 1, 1]获得。具体的 Verilog HDL 程序代码如下：

```
    module linear(d_in, d_out);
        output [6:0] d_out;
        input [3:0] d_in;
        reg [6:0]d_out;
        always@(d_in)
            begin
                d_out[6:3] = d_in[3:0];
                d_out[2] = d_in[1]^d_in[2]^d_in[3];
                d_out[1] = d_in[0]^d_in[1]^d_in[3];
                d_out[0] = d_in[0]^d_in[2]^d_in[3];
            end
        endmodule
```

例 4.2-16　用 Verilog HDL 设计一个线性分组码纠错器。

具体的 Verilog HDL 程序代码如下：

```
    module decode(d_in, d_out);
        input [6:0] d_in;
        output [6:0] d_out;
        wire [2:0] s;
        reg [6:0] e, d_out;
        always@(d_in)
```

```
        begin
            case(s)
                3'b000: e = 7'b0000000;
                3'b001: e = 7'b0000001;
                3'b010: e = 7'b0000010;
                3'b100: e = 7'b0000100;
                3'b011: e = 7'b0001000;
                3'b101: e = 7'b0010000;
                3'b110: e = 7'b0100000;
                3'b111: e = 7'b1000000;
        endcase          //根据校验子 s 获取错误图样 e
        d_out = e^d_in;  //根据 e 对输入信息码进行纠错
    end
    assign s[0] = d_in[6]^d_in[4]^d_in[3]^d_in[0];
    assign s[1] = d_in[6]^d_in[5]^d_in[3]^d_in[1];
    assign s[2] = d_in[6]^d_in[5]^d_in[4]^d_in[2];          //获取 3 位校验子
endmodule
```

3. 补码变换器

例 4.2-17　用 Verilog HDL 设计一个补码变换器。

原码转换到补码的规则即原码先取反，再加 1。对于正数，其补码即其原码，而对于负数，其原码与补码转换的真值表如表 4.2-5 所示。

表 4.2-5　原码与补码转换的真值表

原码(a)	补码(b)
0000	0000
0001	1111
0010	1110
0011	1101
0100	1100
0101	1011
0110	1010
0111	1001
1000	1000
1001	0111
1010	0110
1011	0101
1100	0100
1101	0011
1110	0010
1111	0001

根据真值表得到补码转换的逻辑表达式为

$$b0 = a0$$

$$b1 = a1 \oplus a2$$

$$b2 = \overline{a1}(a2 \oplus a0) + \overline{a2}a1$$

$$b3 = a3\overline{a2a1a0} + \overline{a3}(a2 + a1 + a0)$$

描述该逻辑表达式，即可得到对应的转换电路。具体的 Verilog HDL 程序代码如下：

```
module complement_trans2(s, a, out);
    input s;
    input [3:0] a;
    output [3:0] out;
    reg [3:0] out;
    always@(a)
        if(s==0)
            out<=a;
        else
            begin
                out[0] <= a[0];
                out[1] <= a[0]^a[1];
                out[2] <= (!a[1]&(a[2]^a[0]))|((!a[2])&a[1]);
                out[3] <= (a[3]&(!a[2])&(!a[1])&(!a[0]))|((!a[3])&(a[0]|a[1]|a[2]));
            end
endmodule
```

4.3　时序电路的设计

4.3.1　触发器

例 4.3-1　设计一个带异步清 0、异步置 1 的 T 触发器。

具体的 Verilog HDL 程序代码如下：

```
module tff(clk, rst_n, set, t, q, qbar);
    input clk, rst_n, set, t;
    output q, qbar;
    reg q;
    wire qbar;
    always@(posedge clk or negedge rst_n or posedge set)
        begin
            if(!rst_n) q <= 1'b0;
```

```
                else if(set) q <= 1'b1;
                else if(t) q <= ~q;
            end
    assign qbar = ~q;
endmodule
```

例 4.3-2　设计一个带异步清 0、异步置 1 的 D 触发器。

具体的 Verilog HDL 程序代码如下：

```
module dff(clk, rst_n, set, d, q, qbar);
    input clk, rst_n, set, d;
    output q, qbar;
    reg q;
    wire qbar;
        always@(posedge clk or negedge rst_n or posedge set)
            begin
                if(!rst_n) q <= 1'b0;
                else if(set) q <= 1'b1;
                else q <= d;
            end
    assign qbar = ~q;
endmodule
```

例 4.3-3　设计一个带异步清 0、异步置 1 的 JK 触发器。

具体的 Verilog HDL 程序代码如下：

```
module jkff(clk, rst_n, set, j, k, q, qbar);
    input clk, rst_n, set, j, k;
    output q, qbar;
    reg q;
    wire qbar;
        always@(posedge clk or negedge rst_n or posedge set)
            begin
                if(!rst_n) q <= 1'b0;
                else if(set) q <= 1'b1;
                else
                    begin
                        case({j, k})
                            2'b00:q <= q;
                            2'b01:q <= 1'b0;
                            2'b10:q <= 1'b1;
                            2'b11:q <= ~q;
                            default: q <= q;
```

```
                endcase
            end
        end
    assign qbar = ~q;
endmodule
```

4.3.2 计数器

1. 任意模值计数器

例 4.3-4　设计一个模 16 的加法计数器。

具体的 Verilog HDL 程序代码如下：

```
module count(clk, rst_n, cnt);
    input clk;
    input rst_n;
    output [3:0] cnt;
    reg [3:0] cnt;
        always@(posedge clk or negedge rst_n)
            begin
                if(!rst_n) cnt <= 4'b0;
                else cnt <= cnt+1'b1;
            end
endmodule
```

例 4.3-5　设计一个模 16 的减法计数器。

具体的 Verilog HDL 程序代码如下：

```
module count(clk, rst_n, cnt);
    input clk;
    input rst_n;
    output [3:0] cnt;
    reg [3:0] cnt;
        always@(posedge clk or negedge rst_n)
            begin
                if(!rst_n) cnt <= 4'b1111;
                else cnt <= cnt-1'b1;
            end
endmodule
```

例 4.3-6　设计一个带使能端的模 256 加法计数器。

具体的 Verilog HDL 程序代码如下：

```
module count(clk, rst_n, en, cnt);
    input clk;
```

```
        input rst_n;
        input en;
        output [7:0] cnt;
        reg [7:0] cnt;
            always@(posedge clk or negedge rst_n)
                begin
                    if(!rst_n) cnt <= 8'b0;
                    else if(en) cnt <= cnt+1'b1;
                end
    endmodule
```

例 4.3-7　设计一个带使能端的同步清 0、置 1 加法计数器。

```
    module count(clk, rst_n, set, en, cnt);
        input clk;
        input rst_n;
        input set;
        input en;
        output [3:0] cnt;
        reg [3:0] cnt;
            always@(posedge clk)
                begin
                    if(!rst_n) cnt <= 4'b0;
                    else if(set) cnt <= 4'b1;
                    else if(en) cnt <= cnt+1'b1;
                end
    endmodule
```

例 4.3-8　设计一个可预置初值的 8 位加法计数器。

具体的 Verilog HDL 程序代码如下：

```
    module count(clk, rst_n, load, din, cnt);
        input clk;
        input rst_n;
        input load;
        input [7:0] din;
        output [7:0] cnt;
        reg [7:0] cnt;
            always@(posedge clk or negedge rst_n)
                begin
                    if(!rst_n) cnt <= 4'b0;
                    else if(load) cnt <= din;
                    else cnt <= cnt+1'b1;
```

```
            end
    endmodule
```

例 4.3-9 采用反馈清零法设计一个模 55 加法计数器。

具体的 Verilog HDL 程序代码如下：

```
    module count(clk, rst_n, cnt);
        input clk;
        input rst_n;
        output [5:0] cnt;
        reg [5:0] cnt;
            always@(posedge clk or negedge rst_n)
            begin
                    if(!rst_n) cnt <= 6'b0;
                    else if(cnt == 6'b110110) cnt <= 6'b0;
                    else cnt <= cnt+1'b1;
            end
    endmodule
```

例 4.3-10 利用反馈置数法设计一个模 9 减法计数器。

具体的 Verilog HDL 程序代码如下：

```
    module count(clk, rst_n, cnt);
        input clk;
        input rst_n;
        output [3:0] cnt;
        reg [3:0] cnt;
            always@(posedge clk or negedge rst_n)
                begin
                    if(!rst_n) cnt <= 4'b1000;
                    else if(cnt == 4'b0) cnt <= 4'b1000;
                    else cnt <= cnt-1'b1;
                end
    endmodule
```

例 4.3-11 利用反馈置数法设计一个模 9 加法计数器。

具体的 Verilog HDL 程序代码如下：

```
    module count(clk, rst_n, cnt);
        input clk;
        input rst_n;
        output [3:0] cnt;
        reg [3:0] cnt;
            always@(posedge clk or negedge rst_n)
                begin
```

```
                if(!rst_n) cnt <= 4'b0111;
                else if(cnt == 4'b1111) cnt <= 4'b0111;
            else cnt <= cnt+1'b1;
        end
endmodule
```

例 4.3-12　设计一个模可变的 8 位加法计数器。

具体的 Verilog HDL 程序代码如下：

```
module count(clk, rst_n, din, cnt);
    input clk;
    input rst_n;
    input [7:0] din;
    output [7:0] cnt;
    reg [7:0] cnt;
        always@(posedge clk or negedge rst_n)
            begin
                if(!rst_n) cnt <= 8'b0;
                else if(cnt >= din-1'b1) cnt <= 8'b0;
                else cnt <= cnt+1'b1;
            end
endmodule
```

2. 移位型计数器

例 4.3-13　设计一个 8 位环形计数器。

具体的 Verilog HDL 程序代码如下：

```
module count(clk, rst_n, cnt);
    input clk;
    input rst_n;
    output [7:0]cnt;
    reg [7:0] cnt;
        always @(posedge clk or negedge rst_n)
            if(!rst_n) cnt <= 8'b00000001;
            else cnt <= {cnt[6:0], cnt[7]};
endmodule
```

例 4.3-14　设计一个 8 位扭环形计数器。

具体的 Verilog HDL 程序代码如下：

```
module count(clk, rst_n, cnt);
    input clk;
    input rst_n;
    output [7:0]cnt;
```

```
        reg [7:0] cnt;
            always @(posedge clk or negedge rst_n)
                if(!rst_n) cnt <= 8'b0;
                else cnt <= {cnt[6:0], ~cnt[7]};
    endmodule
```

3. 可逆计数器

例 4.3-15　设计一个可逆计数器。

具体的 Verilog HDL 程序代码如下：

```
    module count(clk, rst_n, up_down, cnt);
        input clk;
        input rst_n;
        input up_down;
        output [3:0] cnt;
        reg [3:0] cnt;
            always@(posedge clk or negedge rst_n)
                begin
                    if(!rst_n)
                        begin
                            if(up_down) cnt <= 4'b0;
                            else    cnt <= 4'b1111;
                        end
                    else
                        begin
                            if(up_down) cnt <= cnt+1'b1;
                            else    cnt <= cnt-1'b1;
                        end
                end
    endmodule
```

例 4.3-16　设计一个模可变的可逆计数器。

具体的 Verilog HDL 程序代码如下：

```
    module count(clk, rst_n, up_down, din, cnt);
        input clk;
        input rst_n;
        input up_down;
        input [3:0]din;
        output [3:0] cnt;
        reg [3:0] cnt;
            always@(posedge clk or negedge rst_n)
```

```
            begin
                if(!rst_n)
                    begin
                        if(up_down) cnt <= 4'b0;
                        else    cnt <= 4'b1111;
                    end
                else if(up_down)
                    begin
                        if(cnt >= din-1'b1) cnt <= 4'b0;
                        else cnt <= cnt+1'b1;
                    end
                else
                    begin
                        if(cnt <= 4'b1111-din+1'b1) cnt <= 4'b1111;
                        else cnt <= cnt-1'b1;
                    end
            end
endmodule
```

4. 8421BCD 码计数器

例 4.3-17　设计一个计数范围为 0～999 的 8421BCD 码计数器。

具体的 Verilog HDL 程序代码如下：

```
module count(clk, rst_n, cnt, en);          //模十计数器
    input clk;
    input rst_n;
    input en;
    output [3:0] cnt;
    reg [3:0] cnt;
        always@(posedge clk or negedge rst_n)
            begin
                if(!rst_n) cnt <= 4'b0;
                else if(en)
                    begin
                        if(cnt == 4'b1001) cnt <= 4'b0;
                        else cnt <= cnt+1'b1;
                end
            end
endmodule
module count1000(clk, rst_n, cnt, en);                //顶层模块
    input clk;
```

```
        input rst_n;
        input en;
        output [11:0]cnt;
        wire [11:0] cnt;
        wire w1;
        wire w2;
        assign w1 = en&cnt[0]&cnt[3];
        assign w2 = w1&cnt[4]&cnt[7];
            count U1(.clk(clk), .rst_n(rst_n), .cnt(cnt[3:0]), .en(en));
            count U2(.clk(clk), .rst_n(rst_n), .cnt(cnt[7:4]), .en(w1));
            count U3(.clk(clk), .rst_n(rst_n), .cnt(cnt[11:8]), .en(w2));
    endmodule
```

例 4.3-18　设计一个模 60 的 BCD 码加法计数器。

具体的 Verilog HDL 程序代码如下：

```
    module count10(clk, rst_n, cnt, en);              //模十计数器
        input clk;
        input rst_n;
        input en;
        output [3:0] cnt;
        reg [3:0] cnt;
            always@(posedge clk or negedge rst_n)
                begin
                    if(!rst_n) cnt <= 4'b0;
                    else if(en)
            begin
                if(cnt==4'b1001) cnt <= 4'b0;
                else cnt <= cnt+1'b1;
            end
        end
    endmodule
    module count6(clk, rst_n, cnt, en);               //模六计数器
        input clk;
        input rst_n;
        input en;
        output [3:0] cnt;
        reg [3:0] cnt;
            always@(posedge clk or negedge rst_n)
                begin
                    if(!rst_n) cnt <= 4'b0;
                    else if(en)
```

```
                    begin
                        if(cnt == 4'b0101) cnt <= 4'b0;
                        else cnt <= cnt+1'b1;
                    end
            end
endmodule
module count60(clk, rst_n, cnt, en);                    //顶层模块
    input clk;
    input rst_n;
    input en;
    output [7:0]cnt;
    wire [7:0] cnt;
    wire w1;
    assign w1= en&cnt[0]&cnt[3];
        count10 U1(.clk(clk), .rst_n(rst_n), .cnt(cnt[3:0]), .en(en));
        count6 U2(.clk(clk), .rst_n(rst_n), .cnt(cnt[7:4]), .en(w1));
endmodule
```

例 4.3-19　设计一个模 24 的 BCD 码加法计数器。

具体的 Verilog HDL 程序代码如下：

```
module count24(clk, rst_n, cnt, en);
    input clk;
    input rst_n;
    input en;
    output [7:0] cnt;
    reg [7:0] cnt;
        always@(posedge clk or negedge rst_n)
            begin
                if(!rst_n) cnt <= 8'b0;
                else if(en)
                begin
                    if(cnt[7:4]==4'b0010 && cnt[3:0]==4'b0011) cnt <= 8'b0;
                    else if(cnt[3:0]==4'b1001)
                        begin
                            cnt[3:0] <= 4'b0;
                            cnt[7:4] <= cnt[7:4]+1'b1;
                        end
                    else cnt[3:0] <= cnt[3:0]+1'b1;
                end
        end
endmodule
```

例 4.3-20　设计一个数字时钟计数器。

可调用下面的例 4.3-22、例 4.3-23 的计数器实现，具体的 Verilog HDL 程序代码如下：

```
module clock(clk, rst_n, hour, min, sec, en);
    input clk;
    input rst_n;
    input en;
    output [7:0] hour, min, sec;
    wire [7:0] hour, min, sec;
    wire w1, w2;
    assign w1=en&sec[6]&sec[4]&sec[3]&sec[0];
    assign w2=w1&min[6]&min[4]&min[3]&min[0];
        count60 U1(.clk(clk), .rst_n(rst_n), .cnt(sec), .en(en));
        count60 U2(.clk(clk), .rst_n(rst_n), .cnt(min), .en(w1));
        count24 U3(.clk(clk), .rst_n(rst_n), .cnt(hour), .en(w2));
endmodule
```

4.3.3 移位寄存器

例 4.3-21　设计一个并行输入/并行输出的右移位寄存器。

具体的 Verilog HDL 程序代码如下：

```
module r_shift(clk, rst_n, load, din, dout);
input clk;
input rst_n;
input load;
input [15:0] din;
output [15:0] dout;
reg [15:0] dout;
    always@(posedge clk or negedge rst_n)
        begin
            if(!rst_n) dout <= 16'b0;
            else if(load) dout <= din;
            else dout <= dout>>1;
        end
endmodule
```

例 4.3-22　设计一个并行输入/并行输出的左移位寄存器。

```
module l_shift(clk, rst_n, load, din, dout);
    input clk;
    input rst_n;
    input load;
    input [15:0] din;
    output [15:0] dout;
```

```
    reg [15:0] dout;
        always@(posedge clk or negedge rst_n)
            begin
                if(!rst_n) dout <= 16'b0;
                else if(load) dout <= din;
                else dout <= dout<<1;
        end
endmodule
```

例 4.3-23　设计一个并行输入/并行输出的循环移位寄存器。

具体的 Verilog HDL 程序代码如下：

```
module c_shift(clk, rst_n, load, din, dout);
    input clk;
    input rst_n;
    input load;
    input [15:0] din;
    output [15:0] dout;
    reg [15:0] dout;
        always@(posedge clk or negedge rst_n)
            begin
                if(!rst_n) dout <= 16'b0;
                else if(load) dout <= din;
                else dout <= {dout[14:0], dout[15]};
            end
endmodule
```

例 4.3-24　设计一个通用移位寄存器，可实现数据储存、左移/右移操作功能。

具体的 Verilog HDL 程序代码如下：

```
module universal_shift(clk, rst_n, mod, rightin, leftin, pin, dout);
    input clk;
    input rst_n;
    input [1:0]mod;
    input rightin;
    input leftin;
    input [15:0] pin;
    output [15:0] dout;
    reg [15:0] dout;
        always@(posedge clk or negedge rst_n)
            begin
                if(!rst_n) dout <= 16'b0;
                else
                    begin
```

```
                    case(mod)
                        2'b00: dout <= {dout[14:0], rightin};
                        2'b01: dout <= {leftin, dout[15:1]};
                        2'b10: dout <= pin;
                        default: dout <= 16'b0;
                    endcase
                end
        end
endmodule
```

4.3.4 序列信号发生器

例 4.3-25 设计一个移位寄存器型 011001 序列信号产生器。

具体的 Verilog HDL 程序代码如下：

```
module signal_maker(clk, rst_n, load, din, dout);
    input clk;
    input rst_n;
    input load;
    input [5:0] din;
    output   dout;
    wire   dout;
    reg [5:0] temp;
        always@(posedge clk or negedge rst_n)
            begin
                if(!rst_n) temp <= 6’b011001;
                else if(load) temp <= din;
                else temp <= {temp[4:0], temp[5]};
            end
    assign dout = temp[5];
endmodule
```

例 4.3-26 设计一个计数器查表型的 011001 序列信号产生器。

列出如表 4.3-1 所示的输出组合逻辑真值表，根据真值表可画出卡诺图，并得到输出函数，然后编写出 Verilog HDL 代码。

表 4.3-1 输出组合逻辑真值表

temp[2]	temp[1]	temp[0]	dout
0	0	0	0
0	0	1	1
0	1	0	1
0	1	1	0
1	0	0	0
1	0	1	1

具体的 Verilog HDL 程序代码如下：

```
module signal_maker(clk, rst_n, load, din, dout);
    input clk;
    input rst_n;
    input load;
    input [2:0] din;
    output   dout;
    wire   dout;
    reg [2:0] temp;
    wire w1;
        always@(posedge clk or negedge rst_n)
            begin
                if(!rst_n) temp <= 3'b0;
                else if(temp == 3'b101) temp <= 3'b0;
                else temp <= temp+1'b1;
            end
    assign dout = temp[1]^temp[0];
endmodule
```

例 4.3-27　设计一个移位寄存器加组合逻辑电路类型的 011001 序列信号发生器。

列出如表 4.3-2 所示的反馈激励函数表，可求得反馈激励函数，并编写 Verilog HDL 代码。

表 4.3-2　反馈激励函数表

temp[2]	temp[1]	temp[0]	w1
0	1	1	0
1	1	0	0
1	0	0	1
0	0	1	0
0	1	0	1
1	0	1	1

具体的 Verilog HDL 程序代码如下：

```
module signal_maker(clk, rst_n, load, din, dout);
    input clk;
    input rst_n;
    input load;
    input [2:0] din;
    output   dout;
    wire   dout;
    reg [2:0] temp;
    wire w1;
```

```
        always@(posedge clk or negedge rst_n)
            begin
                if(!rst_n) temp <= 3'b0;
                else if(load) temp <= din;
                else temp <= {temp[1:0], w1};
            end
    assign w1 = (temp[2]&~temp[1])|(~temp[2]&~temp[0]);
    assign dout = temp[2];
endmodule
```

例 4.3-28 设计一个移位寄存器加组合逻辑电路类型的 101001 序列信号发生器。

列出如表 4.3-3 所示的反馈激励函数表，可求得反馈激励函数，并编写 Verilog HDL 代码。

表 4.3-3 反馈激励函数表

temp[2]	temp[1]	temp[0]	w1
1	0	1	0
0	1	0	0
1	0	0	1
0	0	1	1
0	1	1	0
1	1	0	1

具体的 Verilog HDL 程序代码如下：

```
module signal_maker(clk, rst_n, load, din, dout);
    input clk;
    input rst_n;
    input load;
    input [2:0] din;
    output  dout;
    wire  dout;
    reg [2:0] temp;
    wire w1;
        always@(posedge clk or negedge rst_n)
            begin
                if(!rst_n) temp <= 3'b0;
                else if(load) temp <= din;
                else temp <= {temp[1:0], w1};
            end
    assign w1 = (~temp[2]&~temp[1]) | (temp[2]&~temp[0]);
    assign dout = temp[2];
endmodule
```

*4.3.5　分频器

例 4.3-29　设计一个分频系数为 2^n 的分频器。

具体的 Verilog HDL 程序代码如下：

```
module div(clk, rst_n, div);
    input clk;
    input rst_n;
    output div;
    wire div;
    parameter n = 4;
    reg[n-1:0] cnt;
        always@(posedge clk or negedge rst_n)
            begin
                if(!rst_n) cnt <= 4'b0;
                else cnt <= cnt+1'b1;
            end
    assign div = cnt[n-1];
endmodule
```

例 4.3-30　设计一个分频系数为 2n 的偶数倍分频器。

具体的 Verilog HDL 程序代码如下：

```
module div(clk, rst_n, div);
    input clk;
    input rst_n;
    output div;
    parameter n=5;
    reg[3:0] cnt;
        always@(posedge clk or negedge rst_n)
            begin
                if(!rst_n) cnt <= 4'b0;
                else if(cnt == 2*n-1) cnt <= 4'b0;
                else cnt <= cnt+1'b1;
            end
    assign div = (cnt<n)?1'b1:1'b0;
endmodule
```

例 4.3-31　设计一个分频系数为 2n+1 的奇数倍分频器。

具体的 Verilog HDL 程序代码如下：

```
module div(clk, rst_n, div);
    input clk;
    input rst_n;
```

```
        output div;
        reg div;
        parameter n=5;
        reg[3:0] cnt;
            always@(posedge clk or negedge rst_n)
                begin
                    if(!rst_n) cnt <= 4'b0;
                    else if(cnt == 2*n) cnt <= 4'b0;
                    else cnt <= cnt+1'b1;
                end
        assign div = (cnt<n)? 1'b1:1'b0;
    endmodule
```

例 4.3-32 设计一个最小占空比的 20 分频器。

具体的 Verilog HDL 程序代码如下：

```
    module div(clk, rst_n, div);
        input clk;
        input rst_n;
        output div;
        wire div;
        reg[4:0] cnt;
            always@(posedge clk or negedge rst_n)
                begin
                    if(!rst_n) cnt <= 5'b0;
                    else if(cnt == 5'b10011) cnt <= 5'b0;
                    else cnt <= cnt+1'b1;
            end
        assign div = cnt[4]&cnt[1]&cnt[0];
    endmodule
```

例 4.3-33 设计一个最大占空比的 20 分频器。

具体的 Verilog HDL 程序代码如下：

```
    module div(clk, rst_n, div);
        input clk;
        input rst_n;
        output div;
        wire div;
        reg[4:0] cnt;
            always@(posedge clk or negedge rst_n)
                begin
                    if(!rst_n) cnt <= 5'b0;
```

```
                    else if(cnt == 5'b10011) cnt <= 5'b0;
                    else cnt <= cnt+1'b1;
                end
        assign div = ~(cnt[4]&cnt[1]&cnt[0]);
    endmodule
```

例 4.3-34　设计一个移位寄存器，实现 2 分频。

具体的 Verilog HDL 程序代码如下：

```
    module div(clk, rst_n, div);
        input clk;
        input rst_n;
        output div;
        wire div;
        reg [1:0] temp;
            always@(posedge clk or negedge rst_n)
                begin
                    if(!rst_n) temp <= 2'b01;
                    else temp <= {temp[0], temp[1]};
                end
        assign div = temp[0];
    endmodule
```

例 4.3-35　设计一个移位寄存器，实现 3 分频。

具体的 Verilog HDL 程序代码如下：

```
    module div(clk, rst_n, div);
        input clk;
        input rst_n;
        output div;
        wire div;
        reg [2:0] temp;
            always@(posedge clk or negedge rst_n)
                begin
                    if(!rst_n) temp <= 3'b001;
                    else temp <= {temp[1:0], temp[2]};
                end
            assign div = temp[0];
    endmodule
```

例 4.3-36　实现频率可调、占空比可调的方波信号。

具体的 Verilog HDL 程序代码如下：

```
    module wave(out, clk, rst_n, period, pulse_width);
        input clk;
```

```
        input    rst_n;
        input [25:0]    period;
        input [25:0]    pulse_width;
        output out;
        wire    out;
        reg [25:0]    cnt;
            always@(posedge clk or negedge rst_n)
                begin
                    if(!rst_n) cnt <= 26'h0;
                    else if(cnt >= period - 1'h1) cnt <= 26'h0;
                    else cnt <= cnt + 1'h1;
                end
        assign out = (cnt<pulse_width) ? 1'h1 :1'h0;
endmodule
```

4.4　有限同步状态机

例 4.4-1　设计一个两段式状态机，用以描述五进制同步加法计数器。

具体的 Verilog HDL 程序代码如下：

```
module cnt5_fsm(clk, rst_n, out);
        input clk;
        input rst_n;
        output out;
        reg out;
        reg [2:0] next_state;
        reg [2:0] current_state;
        parameter S0 = 3'b000;
        parameter S1 = 3'b001;
        parameter S2 = 3'b010;
        parameter S3 = 3'b011;
        parameter S4 = 3'b100;
        parameter S5 = 3'b101;
            always@(posedge clk or negedge rst_n)
                begin
                    if(!rst_n) current_state <= 3'b0;
                    else current_state <= next_state;
                end
            always@(current_state)
                begin
```

```
                    case(current_state)
                    S0: begin next_state = S1; out = 1'b0; end
                    S1: begin next_state = S2; out = 1'b0; end
                    S2: begin next_state = S3; out = 1'b0; end
                    S3: begin next_state = S4; out = 1'b0; end
                    S4: begin next_state = S0; out = 1'b1; end
                    default: begin next_state = S0; out = 1'b0; end
                endcase
            end
    endmodule
```

例 4.4-2　设计一个三段式状态机，用以描述五进制同步加法计数器。

具体的 Verilog HDL 程序代码如下：

```
module cnt5_fsm(clk, rst_n, out);
    input clk;
    input rst_n;
    output out;
    reg out;
    reg [2:0] next_state;
    reg [2:0] current_state;
    parameter S0 = 3'b000;
    parameter S1 = 3'b001;
    parameter S2 = 3'b010;
    parameter S3 = 3'b011;
    parameter S4 = 3'b100;
        always@(posedge clk or negedge rst_n)
            begin
                if(!rst_n) current_state <= 3'b0;
                else current_state <= next_state;
            end
        always@(current_state)
            begin
                case(current_state)
                    S0: next_state = S1;
                    S1: next_state = S2;
                    S2: next_state = S3;
                    S3: next_state = S4;
                    S4: next_state = S0;
                    default: next_state = S0;
                endcase
            end
```

```
    always@(current_state)
        begin
            case(current_state)
                S0: out = 1'b0;
                S1: out = 1'b0;
                S2: out = 1'b0;
                S3: out = 1'b0;
                S4: out = 1'b1;
                default:out = 1'b0;
        endcase
    end
endmodule
```

例 4.4-3　设计一个三段式 Mealy 型 10010 序列检测器。

具体的 Verilog HDL 程序代码如下：

```
module seqdet_10010(clk, rst_n, in, out);
    input clk;
    input rst_n;
    input in;
    output out;
    reg out;
    reg [2:0] next_state;
    reg [2:0] current_state;
    parameter S0 = 3'b000;
    parameter S1 = 3'b001;
    parameter S2 = 3'b010;
    parameter S3 = 3'b011;
    parameter S4 = 3'b100;
        always@(posedge clk or negedge rst_n)
            begin
                if(!rst_n) current_state <= 3'b0;
                else current_state <= next_state;
            end
        always@(in or current_state)
            begin
                case(current_state)
                    S0: next_state = (in==1'b1)?S1:S0;
                    S1: next_state = (in==1'b0)?S2:S1;
                    S2: next_state = (in==1'b0)?S3:S1;
                    S3: next_state = (in==1'b1)?S4:S0;
                    S4: next_state = (in==1'b0)?S2:S1;
```

```
                default: next_state = S0;
            endcase
        end
    always@(in or current_state)
        begin
            case(current_state)
                S0: out = 1'b0;
                S1: out = 1'b0;
                S2: out = 1'b0;
                S3: out = 1'b0;
                S4: out = (in==1'b0)?1'b1:1'b0;
                default:out = 1'b0;
            endcase
        end
endmodule
```

例 4.4-4　设计一个三段式 Moore 型的 10010 序列检测器。

具体的 Verilog HDL 程序代码如下：

```
module seqdet_10010(clk, rst_n, in, out);
    input clk;
    input rst_n;
    input in;
    output out;
    reg out;
    reg [2:0] next_state;
    reg [2:0] current_state;
    parameter S0 = 3'b000;
    parameter S1 = 3'b001;
    parameter S2 = 3'b010;
    parameter S3 = 3'b011;
    parameter S4 = 3'b100;
    parameter S5 = 3'b101;
        always@(posedge clk or negedge rst_n)
            begin
                if(!rst_n) current_state <= 3'b0;
                else current_state <= next_state;
            end
        always@(in or current_state)
            begin
                case(current_state)
                    S0: next_state = (in==1'b1)?S1:S0;
```

```
                        S1: next_state = (in==1'b0)?S2:S1;
                        S2: next_state = (in==1'b0)?S3:S1;
                        S3: next_state = (in==1'b1)?S4:S0;
                        S4: next_state = (in==1'b0)?S5:S1;
                        S5: next_state = (in==1'b0)?S3:S1;
                        default: next_state = S0;
                    endcase
                end
            always@(current_state)
                begin
                    case(current_state)
                        S0: out = 1'b0;
                        S1: out = 1'b0;
                        S2: out = 1'b0;
                        S3: out = 1'b0;
                        S4: out = 1'b0;
                        S5: out = 1'b1;
                        default: out = 1'b0;
                    endcase
                end
    endmodule
```

例 4.4-5 设计一个两段式 Moore 型的 10010 序列检测器。

具体的 Verilog HDL 程序代码如下：

```
    module seqdet_10010(clk, rst_n, in, out);
        input clk;
        input rst_n;
        input in;
        output out;
        reg out;
        reg [2:0] next_state;
        reg [2:0] current_state;
        parameter S0 = 3'b000;
        parameter S1 = 3'b001;
        parameter S2 = 3'b010;
        parameter S3 = 3'b011;
        parameter S4 = 3'b100;
        parameter S5 = 3'b101;
            always@(posedge clk or negedge rst_n)
                begin
                    if(!rst_n) current_state <= 3'b0;
```

```
                else current_state <= next_state;
            end
        always@(in or current_state)
            begin
                case(current_state)
                    S0: begin next_state = (in==1'b1)?S1:S0; out = 1'b0; end
                    S1: begin next_state = (in==1'b0)?S2:S1; out = 1'b0; end
                    S2: begin next_state = (in==1'b0)?S3:S1; out = 1'b0; end
                    S3: begin next_state = (in==1'b1)?S4:S0; out = 1'b0; end
                    S4: begin next_state = (in==1'b0)?S5:S1; out = 1'b0; end
                    S5: begin next_state = (in==1'b0)?S3:S1; out = 1'b1; end
                    default: begin next_state = S0; out = 1'b0; end
                endcase
            end
    endmodule
```

例 4.4-6　循环产生 0000-1001-0011-1111 序列。

具体的 Verilog HDL 程序代码如下：

```
    module series(clk, rst_n, out);
        input clk;
        input rst_n;
        output [3:0] out;
        reg [3:0] out;
        reg [1:0] cnt;
            always@(posedge clk or negedge rst_n)
                begin
                    if(!rst_n) cnt <= 2'b0;
                    else cnt <= cnt+1'b1;
            end
            always@(cnt)
                begin
                    case(cnt)
                        2'b00: out = 4'b0000;
                        2'b01: out = 4'b1001;
                        2'b10: out = 4'b0011;
                        2'b11: out = 4'b1111;
                        default: out = 4'b0000;
                    endcase
            end
    endmodule
```

例 4.4-7　设计一个实现计数器控制的状态机。

```
module counter_fsm(clk, rst_n, dout_gray, dout_johnson);
    input clk, rst_n;
    output [3:0] dout_gray;
    output [7:0] dout_johnson;
    reg [3:0] dout_gray;
    reg [7:0] dout_johnson;
    reg [3:0] cnt;
        always @(posedge clk or rst_n)
            begin
                if(!rst_n) cnt <= 4'b0000;
                else cnt <= cnt+1'b1;
            end
        always@(cnt)
            begin
                case(cnt)
                    4'b0000: begin dout_gray = 4'b0000; dout_johnson = 8'b0000_0000; end
                    4'b0001: begin dout_gray = 4'b0001; dout_johnson = 8'b0000_0001; end
                    4'b0010: begin dout_gray = 4'b0011; dout_johnson = 8'b0000_0011; end
                    4'b0011: begin dout_gray = 4'b0010; dout_johnson = 8'b0000_0111; end
                    4'b0100: begin dout_gray = 4'b0110; dout_johnson = 8'b0000_1111; end
                    4'b0101: begin dout_gray = 4'b0111; dout_johnson = 8'b0001_1111; end
                    4'b0110: begin dout_gray = 4'b0101; dout_johnson = 8'b0011_1111; end
                    4'b0111: begin dout_gray = 4'b0100; dout_johnson = 8'b0111_1111; end
                    4'b1000: begin dout_gray = 4'b1100; dout_johnson = 8'b1111_1111; end
                    4'b1001: begin dout_gray = 4'b1101; dout_johnson = 8'b1111_1110; end
                    4'b1010: begin dout_gray = 4'b1111; dout_johnson = 8'b1111_1100; end
                    4'b1011: begin dout_gray = 4'b1110; dout_johnson = 8'b1111_1000; end
                    4'b1100: begin dout_gray = 4'b1010; dout_johnson = 8'b1111_0000; end
                    4'b1101: begin dout_gray = 4'b1011; dout_johnson = 8'b1110_0000; end
                    4'b1110: begin dout_gray = 4'b1001; dout_johnson = 8'b1100_0000; end
                    4'b1111: begin dout_gray = 4'b1000; dout_johnson = 8'b1000_0000; end
                    default: begin dout_gray = 4'b0000; dout_johnson = 8'b0000_0000; end
                endcase
        end
endmodule
```

例 4.4-8　设计一个自动售饮料机。

自动售饮料机是一个典型的利用状态机进行电路设计的例子。本例采用有限状态机设计，使用 case 语句来描述各个状态之间的关系。当多路选择的控制条件集中在某个变量的变化上时，用 case 语句十分方便和直观。case 语句最适合于描述有限状态机。

假定每瓶饮料的售价为 2.5 元，可使用 2 种硬币，即 5 角(half_dollar)、1 元(one_dollar)，机器有找零功能。机器设计有两个投币孔，分别接受 1 元和 5 角两种硬币，因硬币识别装置牵涉到传感器，在实验板上用两个按键来代替。有两个输出口，分别输出饮料和找零，还设有两个灯，提示用户取走饮料和零钱，也可以用声音来提醒。另外，还可以设两个数码管，用于显示已投入的币值。

在下面的程序中，各种信号代表的含义如程序注释中所示。parameter 参数定义了 5 个状态，D 代表不同时刻的不同状态。在系统复位后机器开始运行，在每一次出售饮料的过程中由 D 记录其状态，表示投币者已投入钱币数目的变化，在下一次售出前，首先由 rst_n 将系统清零。程序中用 if-else 语句判断输入币值的变化。整个描述用一个过程块加以表示。有限状态机从本质上讲是由寄存器和组合逻辑构成的时序电路，各个状态之间的转移总是在时钟的触发下进行的。也可以在设计时将时序逻辑部分和组合逻辑部分分别放在两个 always 过程块中进行描述，这样在综合时可以减少一些不必要的寄存器。

```
/*信号定义：
clk:            时钟输入；
reset:          系统复位信号；
haf_dollar:     投入 5 角硬币；
one_dollar:     投入 1 元硬币；
change_out:     找零信号；
dispense:       表示机器售出一瓶饮料；
collect:        该信号用于提示投币者取走饮料。
*/
    module sell(one_dollar, half_dollar, collect, change_out, dispense, rst_n, clk);
        parameter idle = 0, one = 2, half = 1, two = 3, three = 4;
        //idle, one, half, two, three 为中间变量，代表投入币值的几种情况
        input one_dollar, half_dollar, rst_n, clk;
        output collect, change_out, dispense;
        reg collect, change_out, dispense;
        reg [2:0] D;
            always@(posedge clk or negedge rst_n)
                begin if(!rst_n)
                    begin dispense = 0; collect = 0; change_out = 0; D = idle; end
                        case(D)
                            idle: if(half_dollar)          D = half;
                                else   if(one_dollar)   D = one;
                            half: if(half_dollar)          D = one;
                                else   if(one_dollar)   D = two;     //1.5
                            one: if(half_dollar)           D = two;     //1.5
                                else   if(one_dollar)   D = three;   //2
                            two:if(half_dollar)            D = three;   //2
```

```
                    else   if(one_dollar)
                    begin
                            dispense = 1;     //售出饮料
                            collect = 1;
                            D = idle;
                    end
            three:if(half_dollar)
                    begin
                            dispense = 1;     //售出饮料
                            collect = 1;
                            D = idle;
                    end
                else if(one_dollar)
                    begin
                            dispense = 1;     //售出饮料
                            collect = 1;
                            change_out = 1;
                            D = idle;
                    end
        endcase
    end
endmodule
```

自动售饮料机的状态转移图如图 4.4-1 所示。

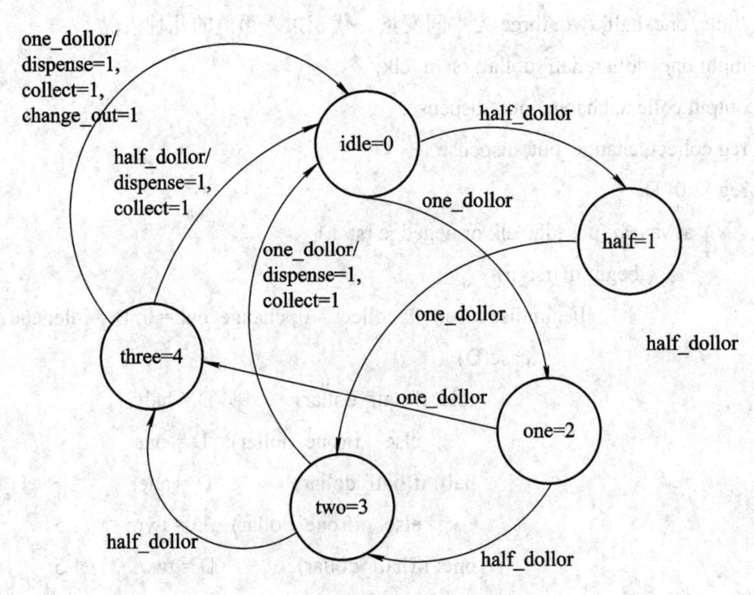

图 4.4-1　自动售饮料机的状态转移图

教材思考题和习题解答

1. 组合电路设计方法、时序电路设计方法和有限状态机设计方法。
2. 模块建模、门级建模、开关级建模。
3. 电平高低与逻辑真、假。
4. 2^n 个。
5. 6 位二进制数。
6. 4 个。
7. 2^N 位。
8. 对于普通的全加器，8 bit 加法器的逻辑表达式为

$$SUM = A \oplus B \oplus C\_IN$$
$$C\_OUT = AB + (A \oplus B)C\_IN$$

其中，A、B 的位宽为 8 位。

对于超前进位加法器，8 bit 加法器的逻辑表达式如下：

根据对于输入信号位宽为 N 的全加器，其进位信号是

$$C\_OUT = C_N$$

输出的加法结果是

$$SUM\_OUT_{n-1} = P_{n-1} \oplus C_{n-1}，n \in [N，1]$$

超前进位标志信号是

$$C_n = G_{n-1} + P_{n-1}C_{n-1}，n \in [N，1]$$
$$C_0 = C\_IN$$

进位产生函数是

$$G_{n-1} = A_{n-1} + B_{n-1}，n \in [N，1]$$

进位传输函数是

$$P_{n-1} = A_{n-1} \oplus B_{n-1}，n \in [N，1]$$

超前进位加法器又称作 CLA，通过直接进位产生和进位传播运算将进位直接和初始输入建立联系，使得进位与和的运算可以并行进行，从而提高了运算速度。

9. 数字电路的基本单元是逻辑门，由于逻辑门的容性负载特性，输入信号发生变化之后要经过一段延时，输出信号才会响应，于是，不同的逻辑门路径上的传播延时也就不同。
10. 逻辑重构；对晚到信号进行设计，减少最长路径。
11. 略。
12. 在数字集成电路中，工作频率是由寄存器到寄存器之间组合电路的最长路径延时所决定的，通过在最长路径存在的组合电路上增加寄存器可以减小路径延时。增加流水线后，电路输入和输出的群延时是增加的，但是当送入的数据不断进入流水线时，处理的整体时间是缩短的，于是电路的运算速度得到了提高。
13. 略。

14. 信号 a、c 的仿真波形如题 14 图所示。

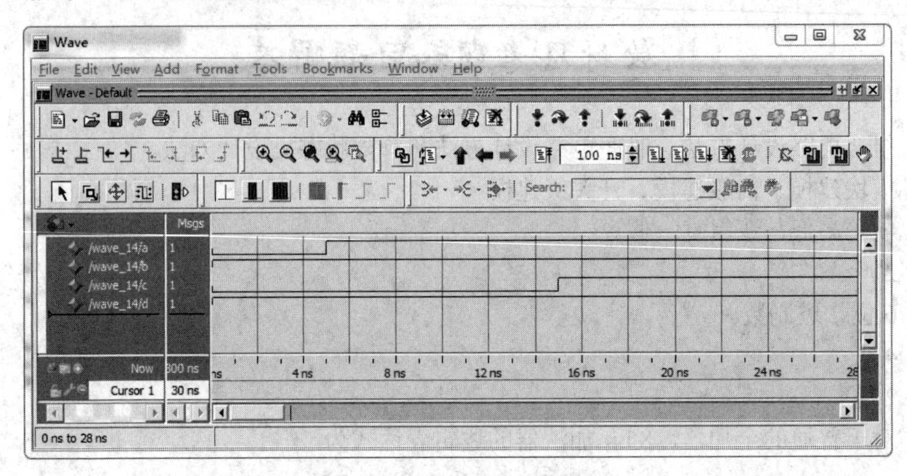

题 14 图

15. 程序段 1 使用了阻塞赋值，程序段 2 使用了非阻塞赋值。程序段 1 综合出来是一级寄存器电路，程序段 2 综合出来是两级寄存器电路。

16. 用查找表的方式实现真值表中的加法器。

具体的 Verilog HDL 程序代码如下：

```
module lookup_adder(cout, sum, cin, ain, bin);
    input cin, ain, bin;
    output cout, sum;
    reg cout, sum;
        always@(cin or ain or bin)
            begin
                case({cin, ain, bin})
                    3'b000: {cout, sum} <= 2'b00;
                    3'b001: {cout, sum} <= 2'b01;
                    3'b010: {cout, sum} <= 2'b01;
                    3'b011: {cout, sum} <= 2'b10;
                    3'b100: {cout, sum} <= 2'b01;
                    3'b101: {cout, sum} <= 2'b10;
                    3'b110: {cout, sum} <= 2'b10;
                    default: {cout, sum} <= 2'bxx;
                endcase
            end
endmodule
//******************************测试代码如下******************************//
`timescale 1ns/1ns
module lookup_adder_tb;
```

```
    reg cin, ain, bin;
    wire cout, sum;
    lookup_adder U1(cout, sum, cin, ain, bin);
        initial
            begin
                    ain = 0; bin = 0; cin = 1;
                #40 ain = 0; bin = 1; cin = 0;
                #40 ain = 0; bin = 1; cin = 1;
                #40 ain = 1; bin = 0; cin = 0;
                #40 ain = 1; bin = 0; cin = 1;
            end
endmodule
```

用查找表的方式实现真值表中加法器的仿真图如题 16 图所示。

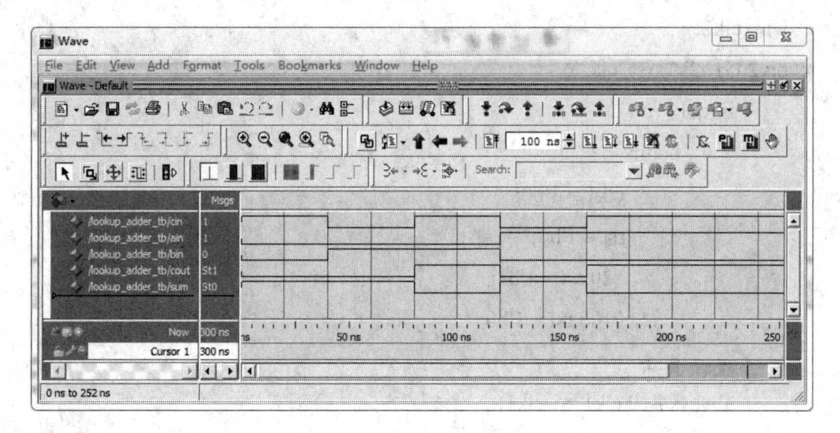

题 16 图

17. 利用基本门级元件的结构描述方式的 Verilog HDL 程序代码如下：

```
module gate17(in1, in2, in3, out);
    input in1, in2, in3;
    output out;
    wire s1, s2;
    and(s1, in1, in2);
    or(s2, s1, in3);
    xor(out, in1, s2);
endmodule
```

18. 二分频电路的 Verilog HDL 程序代码如下：

```
module div2(clk1, rst, clk2);
    input clk1;
    input rst;
    output clk2;
```

```
        wire clk2;
        reg q;
            always@(posedge clk1)
                begin
                    if(rst) q <= 1'b0;
                    else q <= ~q;
                end
        assign clk2=q;
    endmodule
```

测试代码如下：

```
    `timescale 1ns/1ns
    module tb;
        reg clk1, rst;
        wire clk2;
        div2 U1(clk1, rst, clk2);
            initial
                begin
                    clk1 = 1'b0;
                    rst = 1'b0;
                    #20 rst = 1'b1;
                    #100 rst = 1'b0;
                end
            always #10 clk1 = ~clk1;
    endmodule
```

19. 状态转移图的具体的 Verilog HDL 程序代码如下：

```
    module fsm19(clk, clr, start, step2, step3, out);
        input clk, clr, start, step2, step3;
        output out;
        reg out;
        reg [1:0] pre_state, next_state;
        parameter state0 = 2'b00, state1 = 2'b01, state2 = 2'b10, state3 = 2'b11;
            always@(posedge clk or posedge clr)
                if(clr)    pre_state <= state0;
                else pre_state <= next_state;
            always@(pre_state or start or step2 or step3)
                begin
                    case(pre_state)
                        state0:
                            begin
```

```
                    out = 3'b001;
                    if(start==1) next_state = state1;
                    else next_state = state0;
                end
            state1:
                begin
                    out = 3'b010;
                    next_state = state2;
                end
            state2:
                begin
                    out = 3'b100;
                    if(step2==1) next_state=state3;
                    else next_state=state0;
                end
            state3:
                begin
                    out = 3'b111;
                    if(step3==1) next_state = state0;
                    else next_state = state3;
                end
        endcase
    end
endmodule
```

20. 检测 4 个或 4 个以上的“1” 的 Verilog HDL 程序代码如下：

```
module seqdet_1(clk, rst_n, in, out);
    input clk;
    input rst_n;
    input in;
    output out;
    reg out;
    reg [2:0] next_state;
    reg [2:0] current_state;
    parameter S0 = 3'b000;
    parameter S1 = 3'b001;
    parameter S2 = 3'b010;
    parameter S3 = 3'b011;
    parameter S4 = 3'b100;
        always@(posedge clk or negedge rst_n)
```

```
            begin
                if(!rst_n) current_state <= 3'b0;
                else current_state <= next_state;
            end
        always@(in or current_state)
            begin
                case(current_state)
                    S0: begin next_state =(in==1'b1)?S1:S0; out = 1'b0; end
                    S1: begin next_state = (in==1'b1)?S2:S0; out = 1'b0; end
                    S2: begin next_state = (in==1'b1)?S3:S0; out = 1'b0; end
                    S3: begin next_state = (in==1'b1)?S4:S0; out = 1'b0; end
                    S4: begin next_state = (in==1'b1)?S4:S0; out = 1'b1; end
                    default: begin next_state = S0; out = 1'b0; end
                endcase
        end
    endmodule
```

其状态转移图如题 20 图所示。

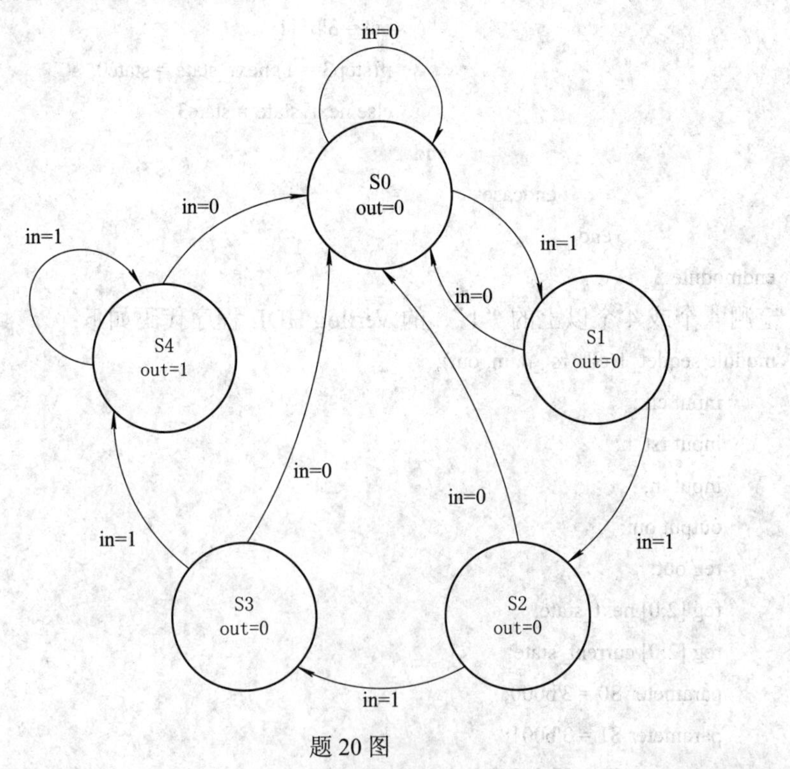

题 20 图

21. NRZ 码转换成 Manchester 码，在码型上实际是把原来的一个码元转换成两个码元，因此每输出两个码元才进行一次数据码元的采样，用状态信号 current_state 来指示。current_state 信号不断在 S0、S1 两个状态之间来回跳转，每个状态各输出一个码元，只在 S0 状态进行一次数据码元采样转换。Verilog HDL 程序代码如下：

```
module code_fsm(clk, rst_n, databin, datamout);
    input clk;              //时钟信号
    input rst_n;
    input databin;          // NRZ 码数据输入
    output datamout;        //曼彻斯特码输出
    reg datamout;
    reg [1:0] com;
    reg next_state;
    reg current_state;
    parameter S0 = 1'b0;
    parameter S1 = 1'b1;
    always@(posedge clk or negedge rst_n)       //次态迁移
        begin
            if(rst_n==1'b0) current_state <= S0;
            else current_state <= next_state;
        end
    always@(current_state)                      //状态跳转
        begin
            case(current_state)
                S0: next_state = S1;
                S1: next_state = S0;
                default: next_state = S0;
            endcase
        end
    always@(posedge clk or negedge rst_n)
        begin
            if(rst_n==1'b0) com = 2'b00;
            else if(current_state==S0)          //S0 状态进行码制转换
                begin
                    if(databin==1'b0)           //当数据为“0”时，转换为“01”
                    begin
                        com <= 2'b01;
                    end
                    else                        //当数据为“1”时，转换为“10”
                    begin
                        com <= 2'b10;
                    end
                end
```

```
        end
    always@(posedge clk or negedge rst_n)         //曼彻斯特码输出进程
        begin
            if(rst_n==1'b0) datamout = 1'b0;
            else if(current_state==S0) datamout <= com[0];
            else if(current_state==S1) datamout <= com[1];
        end
endmodule
```

第 5 章　仿真验证与 Testbench 编写

❖ **本章主要内容：**

(1) Verilog HDL 仿真和验证的设计方法；
(2) Verilog HDL 电路仿真和验证平台构建；
(3) Verilog HDL 测试模块的结构(三要素)；
(4) 测试向量的产生；
(5) 仿真模块的调用；
(6) 信号时间赋值语句；
(7) 系统任务和函数；
(8) 用户自定义元件模型；
(9) 基本门级元件和模块的延时建模；
(10) 典型的测试平台建模设计例程。

❖ **本章重点、难点：**

(1) Verilog HDL 仿真和测试平台的建立；
(2) 测试向量的产生；
(3) 模块级延时建模；
(4) 延时信号编写的多样性；
(5) 不同要求的时钟测试信号的产生；
(6) 任务和函数的使用。

5.1　Verilog HDL 电路仿真和验证概述

1. 验证是一个证明设计思路如何实现，并保证设计在功能上正确的过程。验证在 Verilog HDL 设计的整个流程中分为 4 个阶段，依次是____________、____________、____________和____________。其中前 3 个阶段是在 PC 平台上依靠 EDA 工具来实现的，而最后一个阶段则需要在真正的硬件平台上进行。

2. 目前常用的功能验证有三种，即____________、____________和____________，其中____________可观测性差，____________相对耗时长，效率低。

3. 仿真是通过____________，对所设计电路或系统输入____________，然后根据其输出信号如____________、____________或____________与期望值比较，来确认是否得到与期望所一致的设计结果，从而验证设计的正确性。

4. 测试验证环节中要求达到一定的覆盖率，包括________的覆盖率和________的覆盖率。

参考答案：

1. 功能验证　综合后验证　时序验证　板级验证
2. 黑盒法　白盒法　灰盒法　黑盒法　白盒法
3. EDA 仿真工具　测试信号　波形　文本　VCD 文件
4. 代码　功能

5.2 Verilog HDL 测试程序设计基础

本节介绍组合逻辑电路和时序逻辑电路测试仿真环境的搭建，为设计模块建立 Testbench 进行仿真，从而了解典型的 Testbench 程序结构。

5.2.1 组合逻辑电路仿真环境

例 5.2-1 搭建 2 选 1 数据选择器仿真环境。

用逻辑门实现的 2 选 1 数据选择器如图 5.2-1 所示，并为设计模块提供如图 5.2-2 所示的信号激励。

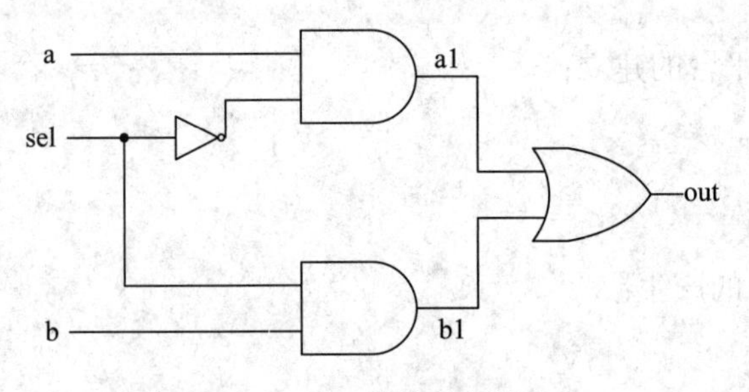

图 5.2-1　2 选 1 数据选择器

时间	激励		
	a	b	sel
0	0	1	0
5	0	0	0
10	0	1	1
15	1	1	1

图 5.2-2　测试激励

源程序代码如下：

```
module mux2_1 (out, a, b, sel);
    output out;
    input a, b, sel;
    wire out, a, b, sel;
    wire sel_, a1, b1;
    not (sel_, sel);
    and (a1, a, sel_);
    and (b1, b, sel);
    or (out, a1, b1);
endmodule
```

测试程序代码如下：

```
`timescale 1ns/1ns
module mux2_1_tb;
    reg a, b, sel;
    wire out;
    mux2_1 U1(out, a, b, sel);
    initial
        begin
            a = 1'b0; b = 1'b1; sel = 1'b0;
            #5 b = 1'b0;
            #5 b = 1'b1; sel = 1'b1;
            #5 a = 1'b1;
        end
endmodule
```

例 5.2-2　搭建 4 选 1 数据选择器的仿真环境。

4 选 1 数据选择器引脚图如图 5.2-3 所示，根据 sel 信号值的不同选择不同的数据输出，表 5.2-1 为对应的真值表。

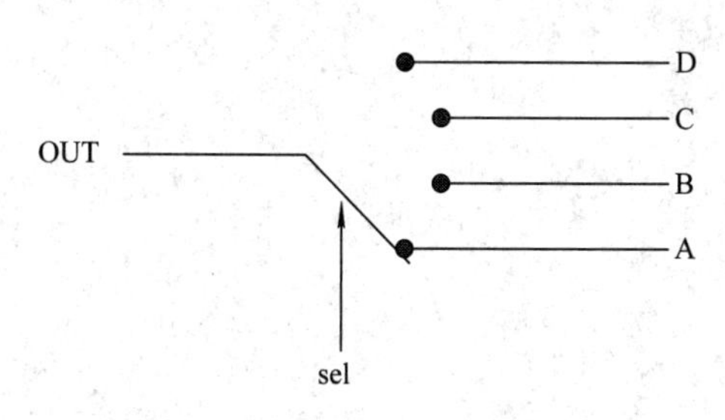

图 5.2-3　4 选 1 数据选择器引脚图

表 5.2-1　4 选 1 数据选择器真值表

sel	ABCD	out
00	0xxx	0
	1xxx	1
01	x0xx	0
	x1xx	1
10	xx0x	0
	xx1x	1
11	xxx0	0
	xxx1	1

源程序代码如下：

```
module mux4_1(A, B, C, D, sel, out);
    input A, B, C, D;
    input [1:0] sel;
    output out;
    reg out;
    always@(A or B or C or D or sel)
        begin
            case(sel)
                2'b00:out = A;
                2'b01:out = B;
                2'b10:out = C;
                2'b11:out = D;
```

```
                default:out = 1'bz;
            endcase
        end
endmodule
```

测试程序代码如下：

```
`timescale 1ns/1ns
module mux4_1_tb;
    reg [1:0] sel;
    reg A, B, C, D;
    wire out;
    mux4_1 U1(A, B, C, D, sel, out);
    initial
        begin
            sel = 2'b00;
            {A, B, C, D} = 4'b0xxx;
            #20 {A, B, C, D} = 4'b1xxx;
            #20 sel = 2'b01;
            {A, B, C, D} = 4'bx0xx;
            #20 {A, B, C, D} = 4'bx1xx;
            #20 sel = 2'b10;
            {A, B, C, D} = 4'bxx0x;
            #20 {A, B, C, D} = 4'bxx1x;
            #20 sel = 2'b11;
            {A, B, C, D} = 4'bxxx0;
            #20 {A, B, C, D} = 4'bxxx1;
        end
endmodule
```

例 5.2-3　搭建代码转换电路的仿真环境。

设计一个自然二进制码转换为格雷码的代码转换器，两种码制的对应如表 5.2-2 所示。

表 5.5-2　自然二进制码与格雷码的对应

十进制数	自然二进制码	格雷码	十进制数	自然二进制码	格雷码
0	0000	0000	8	1000	1100
1	0001	0001	9	1001	1101
2	0010	0011	10	1010	1111
3	0011	0010	11	1011	1110
4	0100	0110	12	1100	1010
5	0101	0111	13	1101	1011
6	0110	0101	14	1110	1001
7	0111	0100	15	1111	1000

源程序代码如下：

```
module code(din, dout);
    input [3:0] din;
    output [3:0] dout;
    reg [3:0] dout;
    always@(din)
        begin
            case(din)
                4'b0000: dout = 4'b0000;
                4'b0001: dout = 4'b0001;
                4'b0010: dout = 4'b0011;
                4'b0011: dout = 4'b0010;
                4'b0100: dout = 4'b0110;
                4'b0101: dout = 4'b0111;
                4'b0110: dout = 4'b0101;
                4'b0111: dout = 4'b0100;
                4'b1000: dout = 4'b1100;
                4'b1001: dout = 4'b1101;
                4'b1010: dout = 4'b1111;
                4'b1011: dout = 4'b1110;
                4'b1100: dout = 4'b1010;
                4'b1101: dout = 4'b1011;
                4'b1110: dout = 4'b1001;
                4'b1111: dout = 4'b1000;
                default: dout = 4'b0000;
            endcase
        end
endmodule
```

测试程序代码如下：

```
`timescale 1ns/1ns
module code_tb;
    reg [3:0] din;
    wire [3:0] dout;
    code U1(din, dout);
    initial    din = 4'b0000;
    always #50 din = din+1'b1;
endmodule
```

例 5.2-4　实现一个 2 输入与门，并搭建其仿真环境。

2 输入与门的真值表如表 5.2-3 所示。

表 5.2-3　2 输入与门的真值表

a	b	out
0	0	0
0	1	0
1	0	0
1	1	1

源程序代码如下：

```
module and2(a, b, out);
    input a, b;
    output out;
    wire out;
    assign out = a&b;
endmodule
```

测试程序代码如下：

```
`timescale 1ns/1ns
module and2_tb;
    reg a, b;
    wire out;
    and2 U1(a, b, out) ;
    initial
        begin
            {a, b} = 00;
            #50 {a, b} = 01;
            #50 {a, b} = 10;
            #50 {a, b} = 11;
        end
endmodule
```

例 5.2-5　实现输入信号的高 8 位和低 8 位交换，并搭建其仿真环境。

源程序代码如下：

```
module exchange(din, dout);
    input [15:0] din;
    output [15:0] dout;
    wire [15:0]dout;
    assign dout = {din[7:0], din[15:8]};
endmodule
```

测试程序代码如下：

```
`timescale 1ns/1ns
module exchange_tb;
    reg [15:0] din;
```

```
        wire [15:0] dout;
        exchange U1(din, dout);
        initial din = 16'b0;
        always #10 din = din+1'b1;
    endmodule
```

5.2.2 时序逻辑电路仿真环境

例 5.2-6 搭建模 12 减法计数器的仿真环境。

源程序代码如下：

```
module counter(clk, rst_n, en, cnt);
    input clk, rst_n, en;
    output [3:0]cnt;
    reg [3:0]cnt;
    always@(posedge clk or negedge rst_n)
        begin
            if(!rst_n) cnt <= 4'b1011;
            else if(en)
                begin
                    if(cnt==4'b0000) cnt <= 4'b1011;
                    else cnt <= cnt-1'b1;
                end
        end
endmodule
```

测试程序代码如下：

```
`timescale 1ns/1ns
module counter_tb;
    reg clk, rst_n, en;
    wire[3:0]cnt;
    counter U1(clk, rst_n, en, cnt);
    always #50 clk = ~clk;
    initial
        begin
            clk = 1'b0;rst_n = 1'b1;en = 1'b0;
            #220 rst_n = 1'b0;
            #200 en = 1'b1;
            #200 rst_n = 1'b1;
        end
endmodule
```

例 5.2-7　设计一个数据上升沿检测器，当检测到数据由 0 变 1 时输出一个高电平的脉冲信号并搭建其仿真环境。

源程序代码如下：

```
module detect(clk, rst_n, in, out);
    input clk, rst_n, in;
    output out;
    wire out;
    reg temp1;
    always@(posedge clk or negedge rst_n)
        begin
            if(!rst_n)
                begin
                    temp1 <= 1'b1;
                end
            else
            begin
                    temp1 <= in;
            end
        end
    assign out = in &(~temp1);
endmodule
```

测试程序代码如下：

```
`timescale 1ns/1ns
module detect_tb;
    reg clk, rst_n, in;
    wire out;
    detect U1(clk, rst_n, in, out);
    initial
        begin
            clk = 1'b1;
            rst_n = 1'b1;
            #10 rst_n = 1'b0;
            #50 rst_n = 1'b1;
        end
    always #10 clk = ~clk;
    always @(posedge clk)
        in <= {$random}%2;
endmodule
```

例 5.2-8　Johnson 计数器是把 n 位移位寄存器的串行输出取反，反馈到串行输入端，构成 2n 种状态的计数器。实现 3 位 Johnson 计数器，并搭建其仿真环境。

源程序代码如下：

```
module johnson(clk, rst_n, out);
    input clk, rst_n;
    output[2:0] out;
    reg[2:0] out;
    always @(posedge clk or negedge rst_n)
        begin
            if(!rst_n)   out <= 3'b000;
            else
                begin
                    out <= out<<1;
                    out[0] <= ~out[2];
                end
        end
endmodule
```

测试程序代码如下：

```
`timescale 1ns/1ns
module johnson_tb;
    reg clk, rst_n;
    wire [2:0]out;
    johnson U1(clk, rst_n, out);
    initial
        begin
            clk = 1'b1;
            rst_n = 1'b1;
            #50 rst_n = 1'b0;
            #50 rst_n = 1'b1;
        end
    always #10 clk = ~clk;
endmodule
```

例 5.2-9　将异步的一位宽输入信号同步到现有时钟域下，并搭建其仿真环境。

源程序代码如下：

```
module sync(clk, rst_n, en, en_sync);
    input clk, rst_n, en;
    output en_sync;
    reg en_sync, en_sync_reg;
    always@(posedge clk or negedge rst_n)
        begin
            if(!rst_n)
```

```
                begin
                    en_sync_reg <= 1'b0;
                    en_sync <= 1'b0;
                end
            else
                begin
                    en_sync_reg <= en;
                    en_sync <= en_sync_reg;
                end
        end
endmodule
```

测试程序代码如下：

```
`timescale 1ns/1ns
module sync_tb;
    reg clk, rst_n, en;
    wire en_sync;
    sync U1(clk, rst_n, en, en_sync);
    initial
        begin
            clk = 1'b1;
            rst_n = 1'b1;
            en = 1'b0;
            #50 rst_n = 1'b0;
            #50 rst_n = 1'b1;
            #11 en = 1'b1;
        end
    always #10 clk = ~clk;
endmodule
```

5.3 与仿真相关的系统任务

5.3.1 $display 和$write

例 5.3-1 产生 0～255 之间的重复偶数序列，并显示数据的变化和对应的时间。具体的 Verilog HDL 程序代码如下：

```
`timescale 1ns/1ns
module signal1;
    reg [7:0] data;
```

```
    always #10 data = data+2'b10;
    initial
        begin
            data = 8'b0;
        end
    initial
        begin
            wait(data==8'b11000011)
            $display("\\\t%%\ndata = %h hex %o otal %b binary", data, data, data);
            $display("display: the time is %t", $time, "the value is %d", data);
            $write("write: the time is ");
            $write("%t", $time);
            $write("the value is %d\n", data);
        end
endmodule
```

例 5.3-2　产生重复且不规则序列{1，3，31，15，22}，并显示数据的变化和对应的时间。具体的 Verilog HDL 程序代码如下：

```
`timescale 1ns/1ns
module signal2;
    reg [4:0] data;
    always
        begin
            #10 data = 5'b00001;
            #10 data = 5'b00011;
            #10 data = 5'b11111;
            #10 data = 5'b01111;
            #10 data = 5'b01111;
            #10 data = 5'b10110;
        end
    always@(data)
        begin
            $display("display: time %t", $time, "value = %h hex", data);
            $write("write:time %t", $time, "value = %h hex\n", data);
        end
endmodule
```

5.3.2　$monitor 和$strobe

例 5.3-3　产生占空比为 2%、频率为 20 MHz 的时钟信号，并打印所有数据的变化值和当前仿真时间。

具体的 Verilog HDL 程序代码如下：

```
`timescale 1ns/1ns
module signal3;
        reg clk;
        always
            begin
                clk = 1'b0;
                #49;
                clk = 1'b1;
                #1;
            end
        always@(clk)
            $strobe("strobe:the value is %b at time %t", clk, $time);
        always@(clk)
            $display("display:the value is %b at time %t", clk, $time);
        initial
            $monitor("monitor:the value is %b at time %t", clk, $time);
endmodule
```

例 5.3-4 设计简单的数据变化，用 $strobe 和 $display 任务加以显示，从而比较两种任务的不同。

具体的 Verilog HDL 程序代码如下：

```
`timescale 1ns/1ns
module signal4;
        reg data1, data2;
        initial
            begin
                data1 = 1'b1;
                $display("time %d, display:data1 = %b, data2 = %b", $time, data1, data2);
                $strobe("time %d, strobe:data1 = %b, data2 = %b", $time, data1, data2);
                data1 = 1'b0;
                data2 = 1'b0;
            end
endmodule
```

例 5.3-5 产生两组 0～7 的连续序列，数据保持时间分别为 5 ns、8 ns，并用 $monitor 任务监控两组数据的变化情况。

具体的 Verilog HDL 程序代码如下：

```
`timescale 1ns/1ns
module signal4;
```

```
        reg [3:0] data1, data2;
        initial
            begin
                data1 = 1'b0;
                data2 = 1'b0;
            end
        always #5 data1 = data1+1'b1;
        always #8 data2 = data2+1'b1;
        initial
            $monitor("monitor:", $time, , "value of data1 = %d data2 = %d", data1, data2);
    endmodule
```

5.3.3 $time 和 $realtime

例 5.3-6　产生单一不规则序列{1，3，15，4}，延迟时间为 1.3 ns，用 $time 任务显示仿真时刻。

具体的 Verilog HDL 程序代码如下：

```
    `timescale 10ns/1ns
    module signal6;
        reg   [3:0]data;
        parameter delay = 1.3;
        initial
            begin
                data = 4'b0001;
                #delay data = 4'b0011;
                #delay data = 4'b1111;
                #delay data = 4'b0100;
            end
        initial
            begin
                $monitor($time, , "time, data = %b", data);
            end
    endmodule
```

例 5.3-7　产生占空比为 50%、周期为 4.8 ns 的时钟信号，用 $realtime 任务显示仿真时刻。

具体的 Verilog HDL 程序代码如下：

```
    `timescale 10ns/1ns
    module signal7;
        reg clk;
        always #2.4 clk = ~clk;
```

```
        initial
            begin
                clk = 1'b0;
            end
        initial
            begin
                $monitor($realtime, , "realtime, clk = %b", clk);
            end
    endmodule
```

5.3.4 $finish 和 $stop

例 5.3-8 产生占空比为 40%、频率为 20 MHz 的时钟信号，并在程序执行到第 2000 个 ns 时退出仿真器。

具体的 Verilog HDL 程序代码如下：

```
    `timescale 1ns/1ns
    module signal8;
        reg clk;
        always
            begin
                clk = 1'b0;
                #30;
                clk = 1'b1;
                #20;
            end
        initial #2000 $finish;
    endmodule
```

例 5.3-9 产生与时钟同步的“10010100”循环序列测试信号，在程序执行到第 2000 个 ns 时暂停仿真。

具体的 Verilog HDL 程序代码如下：

```
    `timescale 1ns/1ns
    module signal9;
        reg clk;
        reg [7:0] data;
        wire dout;
        initial
            begin
                clk = 1'b0;
                data = 8'b10010100;
```

```
            #2000 $stop;
        end
    always #5 clk = ~clk;
    always@(posedge clk) data <= {data[6:0], data[7]};
    assign dout = data[7];
endmodule
```

5.3.5 $readmemh 和 $readmemb

例 5.3-10 读取 binary.txt 文件中的数据，文件中用@<address> 指定了十六进制地址，依次在第 0、1、2、15、8、9 位地址存放 8 位宽的二进制数据。

binary.txt 文件内容：

```
@0   1010_1111
     1011_0000
     0000_1100
@F   1010_1110
@8   0000_1100
     0100_1100
```

具体的 Verilog HDL 程序代码如下：

```
`timescale 1ns/1ns
module signal10;
    reg clk;
    reg [3:0]addr;
    reg [7:0]data;
    reg [7:0]memb[15:0];
    initial
        begin
            clk = 1'b0;
            addr = 4'b0;
            data = 8'b0;
            $readmemb("binary.txt", memb);
        end
    always #10 clk = ~clk;
    always@(posedge clk)
        begin
            data <= memb[addr];
            addr <= #3 addr+1'b1;
        end
endmodule
```

例 5.3-11 读取 hex.txt 文件中的数据，文件中用@<address> 指定了十六进制地址，依次在第 2、3、4、10、11 位地址存放 16 位宽的十六进制数据。

hex.txt 文件内容：

```
@2  1A1A
@3  F011
    00DD
@A 64FF
    0000
```

具体的 Verilog HDL 程序代码如下：

```
`timescale 1ns/1ns
module signal11;
    reg clk;
    reg [3:0]addr;
    reg [15:0]data;
    reg [15:0]memh[15:0];
    initial
        begin
            clk = 1'b0;
            addr = 4'b0;
            data = 16'b0;
            $readmemh("hex.txt", memh);
        end
    always #10 clk = ~clk;
    always@(posedge clk)
        begin
            data <= memh[addr];
            addr <= #16 addr+1'b1;
        end
endmodule
```

5.3.6 $random

例 5.3-12 产生与时钟同步、变化范围在 −18～18 之间的随机有符号数。

具体 Verilog HDL 程序代码如下：

```
`timescale 1ns/1ns
module signal12;
    reg clk;
    reg [5:0] data;
    initial
```

```
        begin
            clk = 1'b0;
            data = 5'b0;
        end
    always #10 clk = ~clk;
    always@(posedge clk) data <= $random%19;
endmodule
```

例 5.3-13　循环 1023 次生成一串在 10～50 之间的随机变化序列，延迟时间为 10 ns。具体的 Verilog HDL 程序代码如下：

```
`timescale 1ns/1ns
module signal13;
    reg [9:0] num;
    reg [5:0] data;
    initial
        begin
            num = 10'b0;
            repeat(1023)
                begin
                    #10;
                    data = 10*(1+{$random}%5);
                    num = num+1'b1;
                end
        end
endmodule
```

例 5.3-14　生成高低电平宽度随机的脉冲序列，其中高电平宽度在 1～9 之间变化，低电平宽度在 10～40 之间变化。

具体的 Verilog HDL 程序代码如下：

```
`timescale 1ns/1ns
module signal14;
    reg singal;
    integer delay1, delay2;
    always
        begin
            delay1 = 1+{$random}%9;
            delay2 = 10*(1+{$random}%4);
            #delay1 singal = 1'b0;
            #delay2 singal = 1'b1;
        end
endmodule
```

5.4 信号时间赋值语句

5.4.1 时间延迟的描述形式

例 5.4-1 采用串行语句块，用外部时间控制方式产生图 5.4-1 中的测试信号。

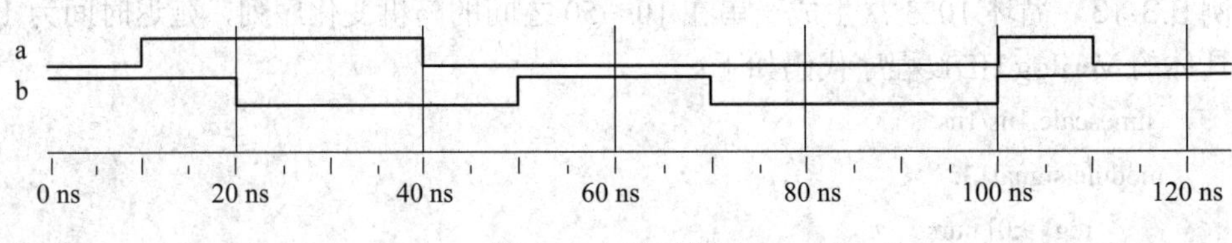

图 5.4-1 波形信号

具体的 Verilog HDL 程序代码如下：

```
`timescale 1ns/1ns
module wave1;
    reg    a, b;
    initial
        begin
            a = 1'b0;
            b = 1'b1;
            #10 a = 1'b1;
            #10 b = 1'b0;
            #20 a = 1'b0;
            #10 b = 1'b1;
            #20 b = 1'b0;
            #30 a = 1'b1;
                b = 1'b1;
            #10 a = 1'b0;
        end
endmodule
```

例 5.4-2 采用串行语句块，用内部时间控制方式产生图 5.4-1 中的测试信号。

具体的 Verilog HDL 程序代码如下：

```
`timescale 1ns/1ns
module wave2;
    reg    a, b;
    initial
        begin
            a = 1'b0;
```

```
            b = 1'b1;
            a = #10 1'b1;
            b = #10 1'b0;
            a = #20 1'b0;
            b = #10 1'b1;
            b = #20 1'b0;
            a = #30 1'b1;
            b = 1'b1;
            a = #10 1'b0;
        end
endmodule
```

例 5.4-3 采用并行语句块，用外部时间控制方式产生图 5.4-1 中的测试信号。

具体的 Verilog HDL 程序代码如下：

```
`timescale 1ns/1ns
module wave3;
    reg    a, b;
    initial
        fork
            a = 1'b0;
            #10 a = 1'b1;
            #40 a = 1'b0;
            #100 a = 1'b1;
            #110 a = 1'b0;
            b = 1'b1;
            #20 b = 1'b0;
            #50 b = 1'b1;
            #70 b = 1'b0;
            #100 b = 1'b1;
        join
endmodule
```

例 5.4-4 采用并行语句块，用内部时间控制方式产生图 5.4-1 中的测试信号。

具体的 Verilog HDL 程序代码如下：

```
`timescale 1ns/1ns
module wave4;
    reg    a, b;
    initial
        fork
            a = 1'b0;
            a = #10 1'b1;
```

```
                a = #40 1'b0;
                a = #100 1'b1;
                a = #110 1'b0;
                b = 1'b1;
                b = #20 1'b0;
                b = #50 1'b1;
                b = #70 1'b0;
                b = #100 1'b1;
            join
endmodule
```

例 5.4-5 由外部时间控制的阻塞方式设计图 5.4-2 中的波形信号。

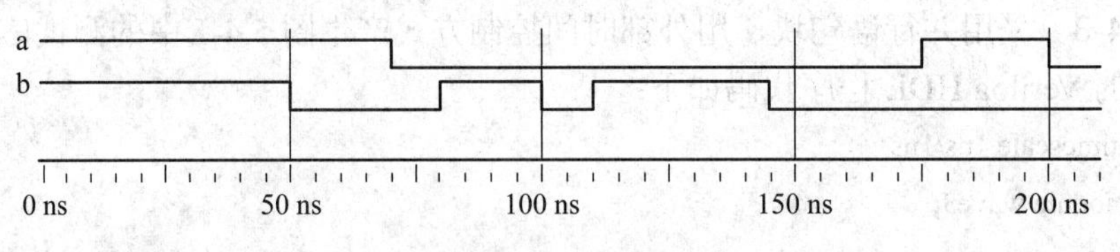

图 5.4-2 波形信号

具体的 Verilog HDL 程序代码如下：

```
`timescale 1ns/1ns
module wave5;
    reg   a, b;
    initial
        begin
            a = 1'b1;
            b = 1'b1;
            #50 b = 1'b0;
            #20 a = 1'b0;
            #10 b = 1'b1;
            #20 b = 1'b0;
            #10 b = 1'b1;
            #35 b = 1'b0;
            #30 a = 1'b1;
            #25 a = 1'b0;
        end
endmodule
```

例 5.4-6 由内部时间控制的阻塞方式设计图 5.4-2 中的波形信号。

具体的 Verilog HDL 程序代码如下：

```
`timescale 1ns/1ns
module wave6;
```

```
    reg   a, b;
    initial
        begin
            a = 1'b1;
            b = 1'b1;
            b = #50 1'b0;
            a = #20 1'b0;
            b = #10 1'b1;
            b = #20 1'b0;
            b = #10 1'b1;
            b = #35 1'b0;
            a = #30 1'b1;
            a = #25 1'b0;
        end
endmodule
```

例 5.4-7　由外部时间控制的非阻塞方式设计图 5.4-2 中的波形信号。

具体的 Verilog HDL 程序代码如下：

```
`timescale 1ns/1ns
module wave7;
    reg   a, b;
    initial
        begin
            a <= 1'b1;
            b <= 1'b1;
            #50 b <= 1'b0;
            #20 a <= 1'b0;
            #10 b <= 1'b1;
            #20 b <= 1'b0;
            #10 b <= 1'b1;
            #35 b <= 1'b0;
            #30 a <= 1'b1;
            #25 a <= 1'b0;
        end
endmodule
```

例 5.4-8　由内部时间控制的非阻塞方式设计图 5.4-2 中的波形信号。

具体的 Verilog HDL 程序代码如下：

```
`timescale 1ns/1ns
module wave8;
    reg   a, b;
```

```
        initial
            begin
                a <= 1'b1;
                a <= #70 1'b0;
                a <= #175 1'b1;
                a <= #200 1'b0;
                b <= 1'b1;
                b <= #50 1'b0;
                b <= #80 1'b1;
                b <= #100 1'b0;
                b <= #110 1'b1;
                b <= #145 1'b0;
            end
endmodule
```

5.4.2 边沿触发事件控制

例 5.4-9　产生与时钟同步的从 0 递增到 15 的序列。

具体的 Verilog HDL 程序代码如下：

```
`timescale 1ns/1ns
module wave9;
    reg   clk;
    reg [3:0] data;
    initial
        begin
            clk = 1'b0;
            data = 1'b0;
        end
    always #10 clk = ~clk;
    always@(posedge clk) data = data+1'b1;
endmodule
```

例 5.4-10　产生与时钟同步的如图 5.4-3 中的序列。

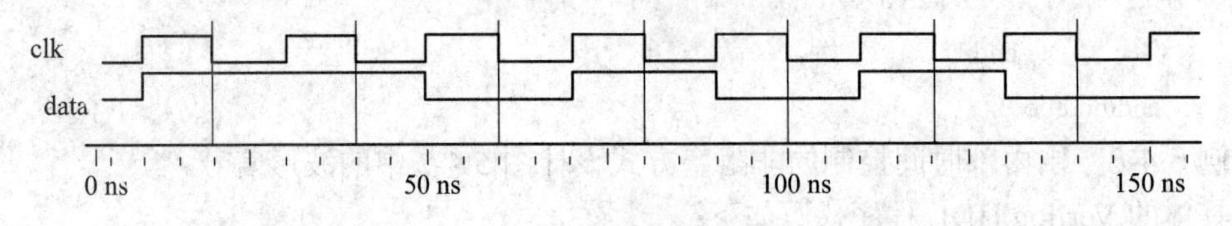

图 5.4-3　与时钟同步的序列

具体的 Verilog HDL 程序代码如下：

```
`timescale 1ns/1ns
```

```
module wave10;
    reg   clk, data;
    initial
        begin
            clk = 1'b0;
            data = 1'b0;
            @(posedge clk) data = 1'b1;
            @(posedge clk);
            @(posedge clk) data = 1'b0;
            @(posedge clk) data = 1'b1;
            @(posedge clk) data = 1'b0;
            @(posedge clk) data = 1'b1;
            @(posedge clk) data = 1'b0;
        end
    always #10 clk = ~clk;
endmodule
```

5.4.3　电平敏感事件控制

例 5.4-11　在使能信号有效时产生与时钟同步的“01101”循环序列，如图 5.4-4 所示。

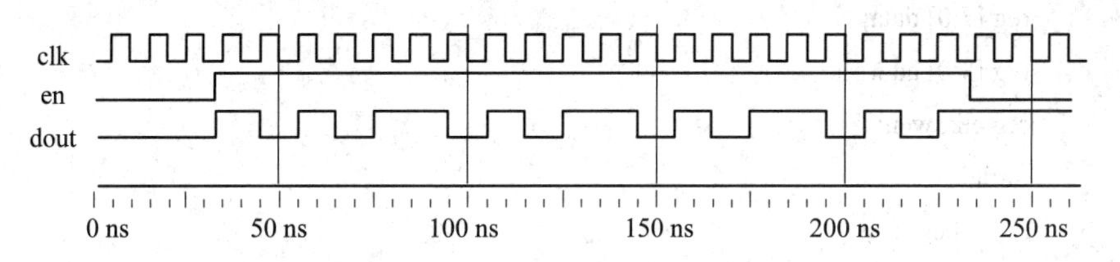

图 5.4-4　与时钟同步的 01101 序列

具体的 Verilog HDL 程序代码如下：

```
`timescale 1ns/1ns
module wave11;
    reg clk, en;
    reg [4:0] data;
    wire dout;
    initial
        begin
            clk = 1'b0;
            en = 1'b0;
            data = 5'b01101;
            #33 en = 1'b1;
            #200 en = 1'b0;
```

```
            end
        always #5 clk = ~clk;
        always@(posedge clk)
            begin
                wait(en==1'b1)
                data <= {data[3:0], data[4]};
            end
        assign dout = data[4];
    endmodule
```

5.5 任务和函数

5.5.1 任务(task)

例 5.5-1 用任务实现写功能：每给出一组数据、地址时产生与时钟同步的写使能信号，并保持三个时钟周期。

具体的 Verilog HDL 程序代码如下：

```
    `timescale 1ns/1ns
    module task_write;
        reg [7:0] data;
        reg [3:0] address;
        reg clk, wen;
        initial
            begin
                clk = 1'b0;
                wen = 1'b0;
                data = 8'b0;
                address = 4'b0;
                #100;
                write(8'b10100100, 4'b0001);
                write(8'b01101000, 4'b0010);
                write(8'b01011110, 4'b0011);
                write(8'b10000100, 4'b0100);
            end
        always #10 clk = ~clk;
        task write;
            input [7:0] d;
            input [3:0] a;
```

```
            begin
                data = d;
                address = a;
                @(posedge clk);
                wen = 1'b1;
                @(posedge clk);
                @(posedge clk);
                @(posedge clk);
                wen = 1'b0;
            end
    endtask
endmodule
```

例 5.5-2 用任务实现数据高四位和低四位的交换。

(1) task 不带输出端口。

具体的 Verilog HDL 程序代码如下：

```
`timescale 1ns/1ns
module task_exchange;
    reg [7:0] data;
    reg [7:0] new_data;
    initial
        begin
            exchange(8'b00010101);
            #20 exchange(8'b11010101);
            #20 exchange(8'b00110100);
            #20 exchange(8'b11010001);
        end
    task exchange;
        input [7:0] d;
            begin
                data = d;
                new_data = {d[3:0], d[7:4]};
            end
    endtask
endmodule
```

(2) task 带输出端口。

具体的 Verilog HDL 程序代码如下：

```
`timescale 1ns/1ns
module task_exchange;
    reg [7:0] data;
```

```
        reg [7:0] new_data;
        initial
            begin
                exchange(data, new_data, 8'b00010101);
                #20 exchange(data, new_data, 8'b11010101);
                #20 exchange(data, new_data, 8'b00110100);
                #20 exchange(data, new_data, 8'b11010001);
            end
        task exchange;
            output [7:0] d1;
            output [7:0] d2;
            input [7:0] d;
                begin
                    d1 = d;
                    d2 = {d[3:0], d[7:4]};
                end
        endtask
    endmodule
```

5.5.2 函数(function)

例 5.5-3 用函数编写 2 输入一位加法器。

具体的 Verilog HDL 程序代码如下：

```
    `timescale 1ns/1ns
    module function_add;
        reg a, b, s, c;
        initial
            begin
                {a, b} = 2'b00;
                #20 {a, b} = 2'b01;
                #20 {a, b} = 2'b10;
                #20 {a, b} = 2'b11;
            end
        always@(a or b)
            begin
                {c, s} = add_out(a, b);
            end
        function [1:0]add_out;
            input in1, in2;
                begin
                    add_out = in1+in2;
```

```
        end
    endfunction
endmodule
```

例 5.5-4　用函数实现数据高四位和低四位的交换。

具体的 Verilog HDL 程序代码如下：

```
`timescale 1ns/1ns
module function_exchange;
    reg [7:0] data;
    reg [7:0] new_data;
    initial
        begin
            data = 8'b00010101;
            #20 data = 8'b11010101;
            #20 data = 8'b00110100;
            #20 data = 8'b11010001;
        end
    always@(data)
        new_data = exchange(data);
    function [7:0] exchange;
        input [7:0] d;
            begin
                exchange = {d[3:0], d[7:4]};
            end
    endfunction
endmodule
```

5.5.3　任务与函数的区别

例 5.5-5　产生多组数据，计算其偶检验位，在数据产生的同时输出加上偶检验位后的新数据。

具体的 Verilog HDL 程序代码如下：

```
`timescale 1ns/1ns
module oper_parity1;
    reg [7:0] in;
    reg [8:0] result;
    initial
        begin
            in = 8'b00010101;
            #20 in = 8'b11010101;
            #20 in = 8'b00110100;
            #20 in = 8'b11010001;
```

```
            end
        always@(in)
            result = oper_parity(in);
        function [8:0] oper_parity;
            input [7:0] din;
                begin
                    oper_parity = {din, parity(in)};
                end
        endfunction
        function parity;
            input [7:0] din;
                begin
                    parity = ^din;
                end
        endfunction
    endmodule
```

例 5.5-6　用任务调用函数的方式完成例 5.5-5。

具体的 Verilog HDL 程序代码如下：

```
    `timescale 1ns/1ns
    module oper_parity2;
        reg [7:0] in;
        reg [8:0] result;
        initial
            begin
                in = 8'b00010101;
                #20 in = 8'b11010101;
                #20 in = 8'b00110100;
                #20 in = 8'b11010001;
            end
        always@(in)
            oper_parity(result, in);
        task oper_parity;
            output [8:0] dout;
            input [7:0] din;
                begin
                    dout = {din, parity(in)};
                end
        endtask
        function parity;
            input [7:0] din;
```

```
            begin
                parity = ^din;
            end
    endfunction
endmodule
```

例 5.5-7　设计进行延时的任务，延时 n 个、10n 个时钟周期，控制数据如图 5.5-1 延时输出。

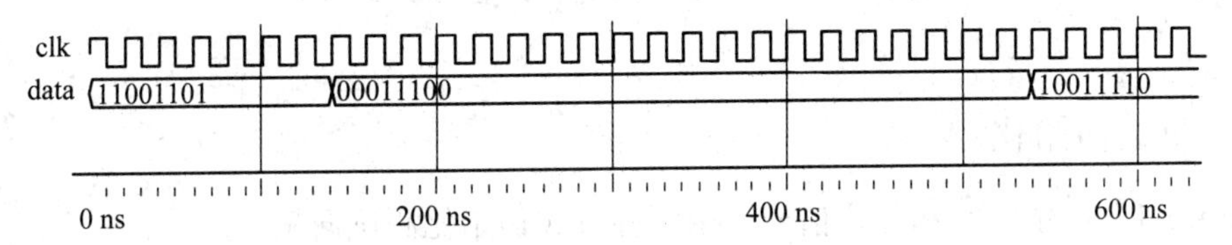

图 5.5-1　任务控制数据延时输出

具体的 Verilog HDL 程序代码如下：

```
`timescale 1ns/1ns
module task_delay;
    reg clk;
    reg [7:0] data;
    always #10 clk = ~clk;
    initial clk = 1'b1;
    initial
        begin
            data = 8'b11001101;
            delay_n(7);
            data = 8'b00011100;
            delay_10n(2);
            data = 8'b10011110;
        end
    task delay_n;
        input [31:0] n;
            begin
                repeat(n)
                @(posedge clk);
            end
    endtask
    task delay_10n;
        input [31:0] n;
            begin
                repeat(10)
                    begin
```

```
                    delay_n(n);
                end
            end
        endtask
endmodule
```

5.6　典型测试向量的设计

5.6.1　变量初始化

例 5.6-1　产生时钟和复位信号，用两种方式初始化测试向量。

具体的 Verilog HDL 程序代码如下：

```
`timescale 1ns/1ns
module initialze;
    reg clk;
    reg rst_n = 1'b1;
    initial
        begin
            clk = 1'b0;
            #50 rst_n = 1'b0;
            #200 rst_n = 1'b1;
        end
    always #10 clk = ~clk;
endmodule
```

5.6.2　数据信号测试向量的产生

例 5.6-2　产生{1，37，4，19，55，21，63}单一不规则序列，每个信号值保持时间为 10 ns。

具体的 Verilog HDL 程序代码如下：

```
`timescale 1ns/1ns
module data1;
    reg [5:0] data;
    initial
        begin
            data = 6'b000001;
            #10 data = 6'b100101;
            #10 data = 6'b000100;
            #10 data = 6'b010011;
            #10 data = 6'b110111;
```

```
            #10 data = 6'b010101;
            #10 data = 6'b111111;
        end
endmodule
```

例 5.6-3　产生 0～13 之间的连续重复序列，每个信号值保持时间为 10 ns。

具体的 Verilog HDL 程序代码如下：

```
`timescale 1ns/1ns
module data2;
    reg [3:0] data;
    initial data = 4'b0;
    always
        begin
            #10;
            if(data == 4'b1101) data = 4'b0;
            else data = data+4'b1;
        end
endmodule
```

例 5.6-4　产生与时钟同步的、0～241 之间的连续奇数序列。

```
`timescale 1ns/1ns
module data3;
    reg clk;
    reg [7:0] data;
    initial
        begin
            clk = 1'b0;
            data = 8'b1;
        end
    always #10 clk = ~clk;
    always@(posedge clk)
        begin
            if(data==8'b11110001) data = 8'b1;
            else data = data+2'b10;
        end
endmodule
```

5.6.3　时钟信号测试向量的产生

例 5.6-5　产生占空比为 60%、频率为 100 MHz 的时钟信号。

具体的 Verilog HDL 程序代码如下：

```
`timescale 1ns/1ns
module clk3;
    reg clk;
    always
        begin
            clk = 1'b0;
            #4;
            clk = 1'b1;
            #6;
        end
endmodule
```

例 5.6-6　产生占空比为 40%、频率为 100 MHz、相位偏移为 36° 的时钟信号。

占空比为“high/(high+low)”的时钟信号 clka 作为参考时钟，然后通过延时赋值得到 clkb 信号，延迟时间为“shift”，偏移的相位为“360*shift/(high+low)”度。

具体的 Verilog HDL 程序代码如下：

```
`timescale 1ns/1ns
module shift_clk;
    parameter high = 4, low = 6, shift = 1;
    reg clka;
    wire clkb;
    always
        begin
            clka = 1'b0;
            #low;
            clka = 1'b1;
            #high;
        end
    assign #shift clkb = clka;
endmodule
```

例 5.6-7　设计一个由 t = 20 ns 时刻开始的周期为 120 ns、总个数为 10 的时钟产生器。

具体的 Verilog HDL 程序代码如下：

```
`timescale 1ns/1ns
module clk7;
    reg clk;
    parameter n = 10;
    initial
        begin
            clk = 1'b0;
            #20;
```

```
            repeat(2*n)
            #60 clk = ~clk;
        end
endmodule
```

例 5.6-8　产生与时钟同步的“110101011”循环序列的测试信号。

具体的 Verilog HDL 程序代码如下：

```
`timescale 1ns/1ns
module clk8;
    reg clk;
    reg [8:0] data;
    wire dout;
    initial
        begin
            clk = 1'b0;
            data = 9'b110101011;
        end
    always #10 clk = ~clk;
    always@(posedge clk) data <= {data[7:0], data[8]};
    assign dout = data[8];
endmodule
```

5.6.4　总线信号测试向量的产生

例 5.6-9　产生一组具有写操作 XINTF 总线功能的模型，图 5.6-1 为 XINTF 写操作时序图。

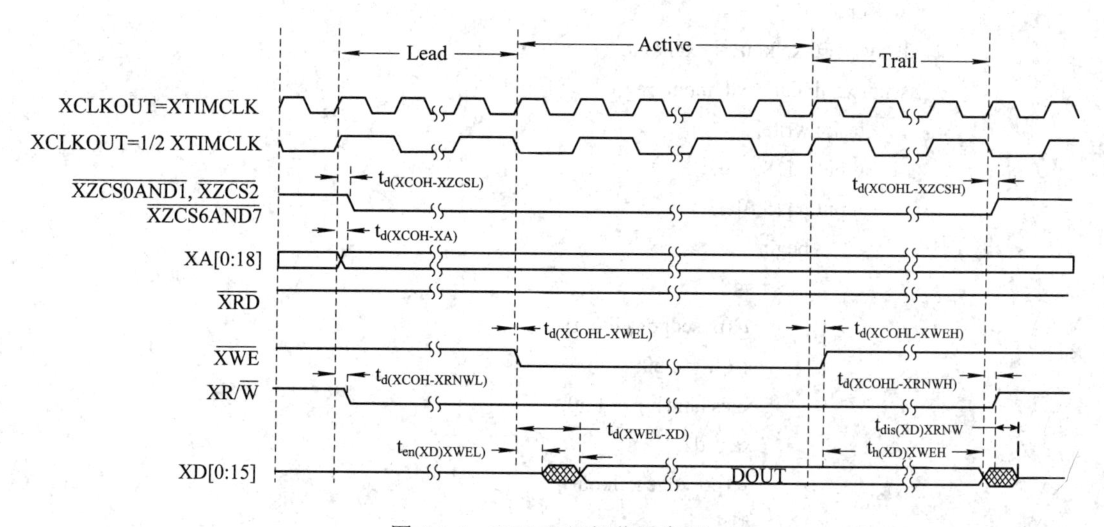

图 5.6-1　XINTF 写操作时序图

具体的 Verilog HDL 程序代码如下：

```
`timescale 1ns/100ps
module xintf_wr_tb;
    reg xclkout;
    reg rst_n;
    reg xwe_n;
    reg xrnw;
    reg xzcs0and1_n;
    reg [18:0] xa;
    wire [15:0] xd_inout;
    reg [15:0] xd_inout_reg;
    initial
        begin
            xclkout = 1'h0;
            rst_n = 1'h0;
            xwe_n = 1'h1;
            xrnw = 1'h1;
            xzcs0and1_n = 1'h0;
            xd_inout_reg = 16'hzzzz;
            xa = 19'h00000;
            #100 rst_n = 1'h1;
            #100;
            xwrite(19'h02400, 16'hF800);
            xwrite(19'h02440, 16'h00FF);
            xwrite(19'h02480, 16'hA800);
            xwrite(19'h024C0, 16'h0055);
        end
    always # 10 xclkout = ~xclkout;
    assign xd_inout = xd_inout_reg;
        task xwrite;
        input   [18:0] d2;
        input   [15:0] d3;
            begin
                #40;
                @(posedge xclkout);
                xrnw = 1'h0;
                xzcs0and1_n = 1'h0;
                xa = d2;
                @(posedge xclkout);
                #1;
                xwe_n = 1'h0;
                #4   xd_inout_reg = d3;
```

```
                @(posedge xclkout);
                @(posedge xclkout);
                xwe_n = 1'h1;
                @(posedge xclkout);
                xrnw = 1'h1;
                xzcs0and1_n = 1'h1;
                xd_inout_reg = 16'hzzzz;
            end
        endtask
    endmodule
```

例 5.6-10　产生一组具有读操作 XINTF 总线功能的模型，图 5.6-2 为 XINTF 读操作时序图。

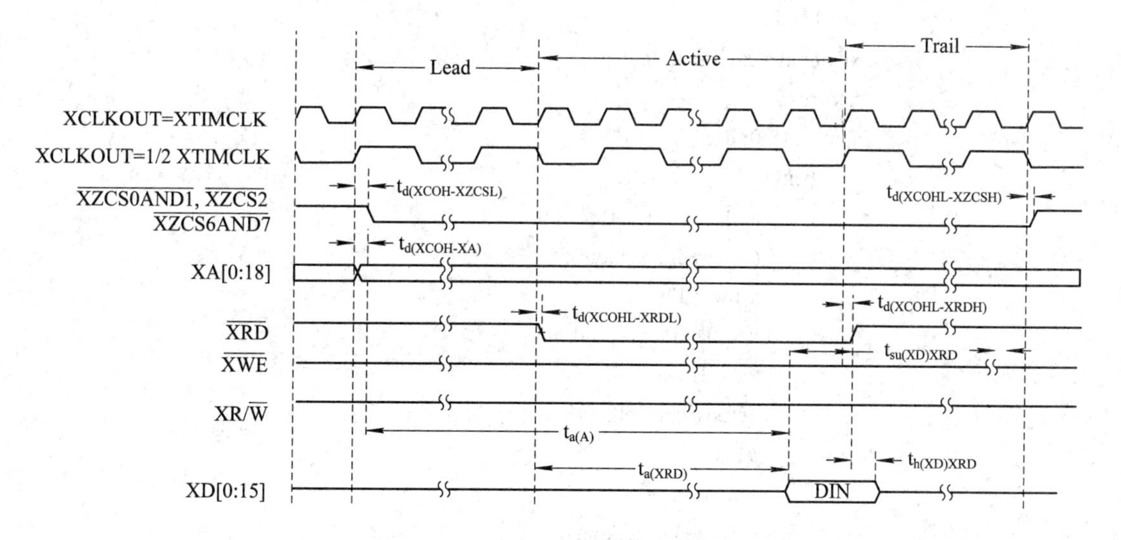

图 5.6-2　XINTF 读操作时序图

具体的 Verilog HDL 程序代码如下：

```
`timescale 1ns/100ps
module xintf_rd_tb;
    reg xclkout;
    reg rst_n;
    reg xrd_n;
    reg xrnw;
    reg xzcs0and1_n;
    reg [18:0] xa;
    wire [15:0] xd_inout;
    reg [15:0] xd_inout_reg;
    initial
        begin
            xclkout = 1'h0;
```

```
                rst_n = 1'h0;
                xrd_n = 1'h1;
                xrnw = 1'h1;
                xzcs0and1_n = 1'h0;
                xa = 19'h00000;
                #100 rst_n = 1'h1;
                #100;
                xread (19'h02000);
                xread (19'h02100);
                xread (19'h02200);
                xread (19'h02300);
            end
        always # 10 xclkout = ~xclkout;
        assign xd_inout = xd_inout_reg;
            task xread;
            input   [18:0] d1;
                begin
                    #40;
                    @(posedge xclkout);
                    xrnw = 1'h1;
                    xzcs0and1_n = 1'h0;
                    xa = d1;
                    @(posedge xclkout);
                    #1;
                    xrd_n = 1'h0;
                    @(posedge xclkout);
                    @(posedge xclkout);
                    xrd_n = 1'h1;
                    @(posedge xclkout);
                    xzcs0and1_n = 1'h1;
                end
            endtask
        endmodule
```

5.7 用户自定义元件模型

5.7.1 组合电路 UDP 元件

例 5.7-1 设计一个 1 位全加器。

具体的 Verilog HDL 程序代码如下：

```
module adder_udp(sum, co, a, b, c);
    output sum, co;
    input a, b, c;
    wire w1, w2, w3;
    xor(w1, a, b),
        (sum, w1, c);
    and_udp(w2, a, b),
        (w3, c, w1);
    or_udp(co, w2, w3);
endmodule
primitive and_udp(out, a, b);
    output out;
    input a, b;
    table
    //a b :out;
        0 0 :0;
        0 1 :0;
        1 0 :0;
        1 1 :1;
    endtable
endprimitive
primitive or_udp(out, a, b);
    output out;
    input a, b;
    table
    //a b :out;
        0 0 :0;
        0 1 :1;
        1 0 :1;
        1 1 :1;
    endtable
endprimitive
```

5.7.2　时序电路 UDP 元件

例 5.7-2　锁存器的 UDP 描述。

具体的 Verilog HDL 程序代码如下：

```
primitive latch_level_udp(q, clk, d);
    output q;
```

```
        reg q;
        input clk, d;
        initial q = 1'b0;
            table
                // clk   d   :   current_state   :   q(next_state);
                     0   0   :         ?         :      0;
                     0   1   :         ?         :      1;
                     1   ?   :         ?         :      -;
            endtable
    endprimitive
    module latch(Q, CLK, D);
        input CLK, D;
        output Q;
        wire Q;
        latch_level_udp U1(Q, CLK, D);
    endmodule
```

5.8 基本门级元件和模块的延时建模

5.8.1 门级延时建模

例 5.8-1 图 5.8-1 为基于门级元件的 1 位全加器，用 Verilog HDL 语言编码实现。

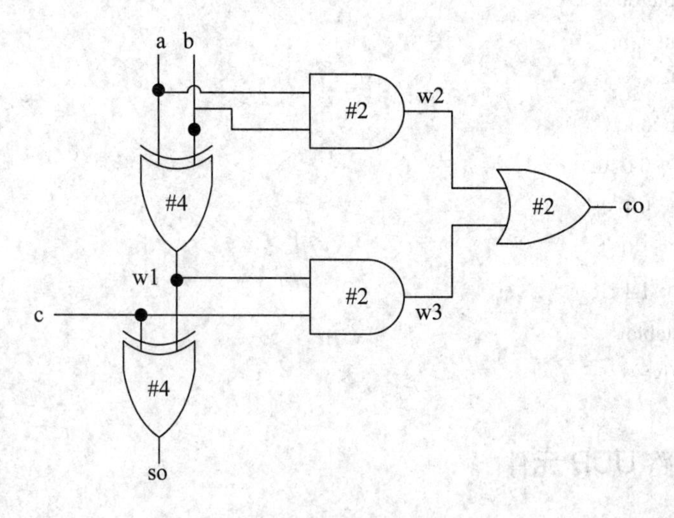

图 5.8-1 基于门级元件的 1 位全加器

具体的 Verilog HDL 程序代码如下：

```
`timescale 1ns/1ns
module adder(a, b, c, so, co);
```

```
        input a, b, c;
        output so, co;
        wire w1, w2, w3;
        xor #4(w1, a, b);
        xor #4(so, w1, c);
        and #2(w2, a, b);
        and #2(w3, w1, c);
        or #2(co, w2, w3);
    endmodule
```

5.8.2　模块延时建模

例 5.8-2　用并行连接的方式规划图 5.8-2 中的电路。

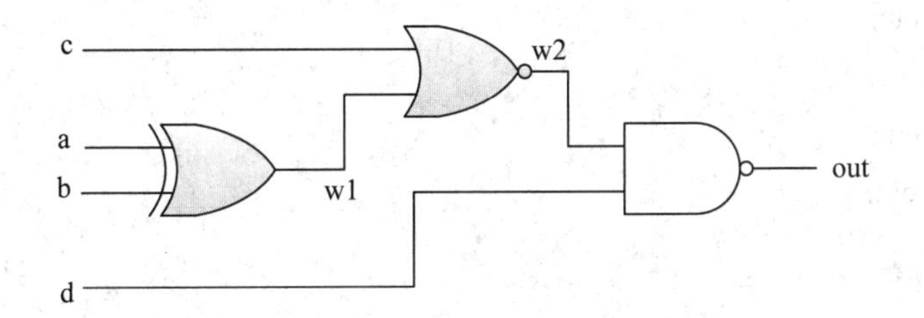

路径	延时
a-w1-w2-out	8
b-w1-w2-out	8
c-w2-out	4
d-out	3

图 5.8-2　模块路径延时

具体的 Verilog HDL 程序代码如下：

```
`timescale 1ns/1ns
module specify1(a, b, c, d, out);
        input a, b, c, d;
        output out;
        wire out;
        wire w1, w2;
        xor U1(w1, a, b);
        nor U2(w2, c, w1);
        nand U3(out, d, w2);
        specify
                (a=>out) = 8;
                (b=>out) = 8;
                (c=>out) = 4;
                (d=>out) = 3;
        endspecify
endmodule
```

例 5.8-3 用 specparam 声明语句重新设计例 5.8-2。

具体的 Verilog HDL 程序代码如下：

```
`timescale 1ns/1ns
module specify2(a, b, c, d, out);
    input a, b, c, d;
    output out;
    wire out;
    wire w1, w2;
    xor U1(w1, a, b);
    nor U2(w2, c, w1);
    nand U3(out, d, w2);
        specify
            specparam a_out = 8, b_out = 8, c_out = 4, d_out = 3;
            (a=>out) = a_out;
            (b=>out) = b_out;
            (c=>out) = c_out;
            (d=>out) = d_out;
        endspecify
endmodule
```

例 5.8-4 用全连接的方式重新设计例 5.8-2。

具体的 Verilog HDL 程序代码如下：

```
`timescale 1ns/1ns
module specify3(a, b, c, d, out);
    input a, b, c, d;
    output out;
    wire out;
    wire w1, w2;
    xor U1(w1, a, b);
    nor U2(w2, c, w1);
    nand U3(out, d, w2);
        specify
            (a, b*>out) = 8;
            (c*>out) = 4;
            (d*>out) = 3;
        endspecify
endmodule
```

例 5.8-5 用并行连接的方式实现“out=ab+c”运算，a、b 到 out 有上升、下降和关断三个延时参数，每个延时都具有 min:typ:max 形式的值，如表 5.8-1 所示。

表 5.8-1 延 时 参 数

路径	上升延时	下降延时	关断延时
a-out	8:9:10	11:12:13	9:10:11
b-out	8:9:10	9:10:11	8:9:10
c-out	8:9:10	9:10:11	10:11:12

具体的 Verilog HDL 程序代码如下：

```
`timescale 1ns/1ns
module   specify5(a, b, c, out);
    input a, b, c;
    output out;
    wire w1;
    wire out;
    and U2(w1, a, b);
    or   U1(out, w1, c);
        specify
            specparam       a_rise = 8:9:10, a_fall = 11:12:13, a_off = 9:10:11,
                            b_rise = 8:9:10, b_fall = 9:10:11, b_off = 8:9:10,
                            c_rise = 8:9:10, c_fall = 9:10:11, c_off = 10:11:12;
            (a=>out) = (a_rise, a_fall, a_off);
            (b=>out) = (b_rise, b_fall, b_off);
            (c=>out) = (c_rise, c_fall, c_off);
        endspecify
endmodule
```

5.8.3 与时序检查相关的系统任务

例 5.8-6 将串行数据送入 8 位宽的移位寄存器，用 $setup、$hold 任务完成建立、保持时间检查，其中建立时间约束为 3 ns，保持时间约束为 4 ns。

具体的 Verilog HDL 程序代码如下：

```
`timescale 1ns/1ns
module check1(clk, rst_n, din, dout);
    input clk, rst_n, din;
    output [7:0]dout;
    reg [7:0]dout;
    always@(posedge clk or negedge rst_n)
        begin
            if(!rst_n) dout <= 8'b0;
            else dout <= {dout[6:0], din};
        end
```

```
        specify
            $setup(din, posedge clk, 3);
            $hold(posedge clk, din, 4);
        endspecify
endmodule
module check1_tb;
    reg clk, rst_n, din;
    wire [7:0]dout;
    check1      U1(clk, rst_n, din, dout);
    always      #15 clk = ~clk;
    initial
        begin
            clk = 1'b0;
            rst_n = 1'b1;
            din = 1'b0;
            #10 rst_n = 1'b0;
            #40 rst_n = 1'b1;
            repeat (1)@(posedge clk);
            #29 din = 1'b1;
            repeat (1)@(posedge clk);
            #1 din = 1'b0;
        end
endmodule
```

例 5.8-7 用 $setuphold 完成例 5.8-6 的建立、保持时间检查。

具体的 Verilog HDL 程序代码如下：

```
`timescale 1ns/1ns
module check2(clk, rst_n, din, dout);
    input clk, rst_n, din;
    output [7:0]dout;
    reg [7:0]dout;
    always@(posedge clk or negedge rst_n)
        begin
            if(!rst_n) dout <= 8'b0;
            else dout <= {dout[6:0], din};
        end
        specify
            $setuphold(posedge clk, din, 3, 4);
        endspecify
endmodule
```

例 5.8-8　用函数 $random 产生一个随机数，控制脉冲信号的电平宽度在 10～60 ns 之间变化，定义最小宽度为 20 ns，用 $width 任务检查是否违反约束。

具体的 Verilog HDL 程序代码如下：

```
`timescale 1ns/1ns
module clk_width(clk);
    input clk;
        specify
            $width(posedge clk, 22);
        endspecify
endmodule
module clk_width_tb;
    reg clk;
    clk_width U1(clk);
    integer delay;
    initial clk = 1'b0;
    always
        begin
            delay = 10*(1+{$random}%6);
            #delay clk = ~clk;
        end
endmodule
```

例 5.8-9　产生在 20～100 ns 之间变化的脉冲信号，定义最小周期为 100 ns，用 $period 任务检查是否违反约束。

具体的 Verilog HDL 程序代码如下：

```
`timescale 1ns/1ns
module clk_period(clk);
    input clk;
        specify
            $period(posedge clk, 100);
        endspecify
endmodule
module clk_period_tb;
    reg clk;
    clk_period U1(clk);
    integer delay;
    initial clk = 1'b0;
    always
        begin
            delay = 10*(2+{$random}%9);
```

```
            #delay clk = ~clk;
        end
endmodule
```

例 5.8-10　要求数据更新后使能信号保持一段时间有效，且使能有效期间数据保持不变。用$nochange 任务检查数据的变化是否违反约束。

具体的 Verilog HDL 程序代码如下：

```
`timescale 1ns/1ns
module data_nochange(data, en);
    input [7:0]data;
    input en;
        specify
            $nochange(posedge en, data, 0, 0);
        endspecify
endmodule
module data_nochange_tb;
    reg [7:0]data;
    reg en;
    data_nochange U1(data, en);
    initial
        begin
            data = 8'b0;
            en = 1'b0;
            #300 data = 8'b11001010;
        end
    initial
        begin
            #10 enctrl(8'b11000011);
            #10 enctrl(8'b11000111);
            #10 enctrl(8'b11100110);
            #10 enctrl(8'b11011000);
        end
    task enctrl;
        input [7:0]d;
            begin
                data = d;
                #10 en = 1'b1;
                #100 en = 1'b0;
            end
```

```
    endtask
endmodule
```

5.9　编译预处理语句

1. 编译预处理语句是以______开头的某些标识符。______指令是一个宏定义命令，通过一个指定的标识符来代表一个字符串；______指令用来实现“文件包含”的操作，其一般形式为__________________。

2. `timescale　1ns/1ps 表示____________________________________。

3. 条件编译命令有________、________和________三种，这些命令可以出现在源程序的____________________。通常在 Verilog HDL 程序中使用条件编译命令的情况有____________________、____________________以及____________________。

参考答案：

1. “ ` ”(反引号)　`define　`include　include "文件名"
2. 定义时间单位为 1ns，时间精度为 1ps
3. `ifdef　`else　`endif　任何地方　选择一个模块的不同代表部分　选择不同的时序或结构信息　对不同的 EDA 工具，选择不同的激励

5.10　Verilog HDL 测试方法简介

1. 在集成电路测试领域，常用的测试方法有________、_______和________。

2. __________可以指示 Verilog HDL 代码描述的功能有多少在仿真过程中被验证过，通常包括语句覆盖率、__________、__________、__________和_________。

3. 在 Verilog HDL 中提供了多个用于随机测试的系统命令，最常用的是随机数产生系统任务_________。

4. 自动测试法通常通过创建一个_________，使用相应个数的采样值。自动测试的使用可能会存在_______误差。

参考答案：

1. 完全测试法　随机测试法　自动测试法
2. 代码覆盖率　路径覆盖率　状态机覆盖率　触发覆盖率　表达式覆盖率
3. $random
4. 检验表　截断

教材思考题和习题解答

1. 验证是一系列测试平台的集合，是一个证明设计思路如何实现，保证设计在功能上

正确的过程。验证在 Verilog HDL 设计的整个流程中分为功能验证、综合后验证、时序验证和板级验证 4 个阶段。

其中前 3 个阶段是在 PC 平台上依靠 EDA 工具来实现的，而最后一个阶段则需要在真正的硬件平台(FPGA/CPLD 等)上进行，需要借助一些调试工具或者专业性的分析仪来调试。

2. 仿真，也可以称为模拟，是通过 EDA 仿真工具，对所设计电路或系统输入测试信号，然后根据其输出信号(波形、文本或者 VCD 文件)与期望值比较，来确认是否得到与期望一致的设计结果，从而验证设计的正确性。

3. 在 Verilog HDL 中，通常采用测试平台(Testbench)方式进行仿真和验证。在仿真的时候，Testbench 用来产生测试激励给待验证设计(Design Under Verification，DUV)，或者称为待测设计(Design Under Test，DUT)，同时检查 DUV/DUT 的输出是否与预期的一致，达到验证设计功能的目的。

测试程序的一般结构为：

```
module 仿真模块名;        //无端口列表
  //数据类型声明
  激励信号定义为 reg 型，显示信号定义为 wire 型
  //实例化待测试模块
  <模块名><实例名><(端口列表)>
  //测试激励定义
     always 和 initial 过程块，function 和 task 结构，if-else 和 case 等控制语句
  //输出响应
endmodule
```

4. 测试向量的产生是测试问题中的一个重要部分，测试向量的产生具有完备性，分析测试结果才有意义。如果有方法产生出期望的结果，可以用 Verilog HDL 或者其它工具自动地比较期望值和实际值；如果没有简易的方法产生期望的结果，那么明智地选择测试向量，可以简化仿真的结果，提高仿真效率。

例如，对于输入变化较少的情况，比如对一个 2 输入与门进行激励描述，由于输入信号总共有 4 种组合情况“00，01，10，11”，可以在 initial 块中把输入变化情况全部编写成激励信号。而对一个 8 bit 的循环移位寄存器，Testbench 中是不需要把所有的 8 位数据都作为测试向量提供给移位寄存器的，对于移位数据的激励描述，只需要在 Testbench 中随机给出一组 8 位数据，观察移位的情况即可。

5. 显示结果为 4。

6. n 是参数，可以取 0、1 或 2 几个值，含义如下：

0—不输出任何信息；

1—输出当前仿真时刻和位置；

2—输出当前仿真时刻、位置和在仿真过程中所用的 memory 及 cpu 时间的统计。

7. 系统任务$readmemb 和$readmemh 是用来从文件中读取数据到指定的存储器中，可以在仿真的任何时刻执行。

8. 具体的 Verilog HDL 程序代码如下：

```
`timescale 1ns/1ns
    module wave;
        reg   clk, in1, in2;
        initial
            begin
                clk = 1'b0;
                in1 = 1'b0;
                in2 = 1'b1;
                @(posedge clk) in2 = 1'b0;
                @(negedge clk) in1 = 1'b1;
                @(posedge clk) in2 = 1'b1;
                @(negedge clk) in1 = 1'b0;
                @(negedge clk) in1 = 1'b1;
                               in2 = 1'b0;
                @(posedge clk) in1 = 1'b0;
                               in2 = 1'b1;
                @(negedge clk) in1 = 1'b1;
                @(posedge clk) in1 = 1'b0;
                               in2 = 1'b0;
            end
        always #5 clk = ~clk;
    endmodule
```

9. 产生的信号波形如下：

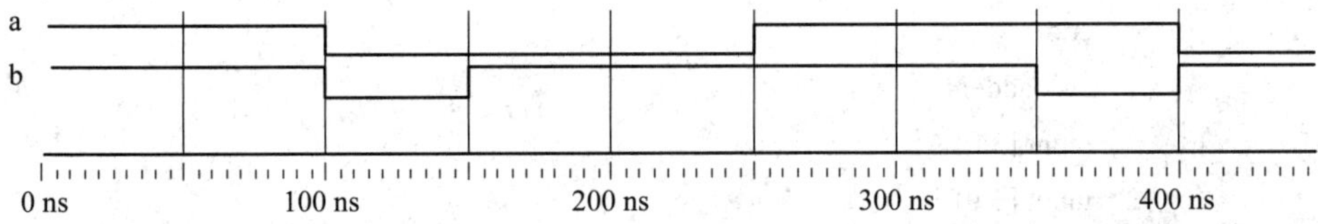

10. 任务(task)类似于其它编程语言中的“过程”，包括任务的定义和任务的调用。任务的定义格式如下：

```
task<任务名>;
    <端口类型声明>;
    <局部变量声明>;
        begin
            <语句 1>;
            <语句 2>;
                ...
            <语句 n>;
        end
endtask
```

任务的调用是通过任务调用语句来实现的，任务调用语句的语法格式如下：

<任务名>(端口 1，端口 2，…，端口 n);

11. 8 bit 行波进位加法器的 Verilog HDL 程序代码如下：

```
`timescale 1ns/1ns
module adder8;
        reg [7:0] a;
        reg [7:0] b;
        reg cin;
        reg [7:0] sum;
        reg cout;
        reg c1;
        initial
                begin
                    a = 8'b01011100;
                    b = 8'b11111111;
                    cin = 1'b0;
                    adder4(a[3:0], b[3:0], cin, sum[3:0], c1);
                    adder4(a[7:4], b[7:4], c1, sum[7:4], cout);
                    #100;
                    a = 8'b11111110;
                    b = 8'b11111111;
                    cin = 1'b0;
                    adder4(a[3:0], b[3:0], cin, sum[3:0], c1);
                    adder4(a[7:4], b[7:4], c1, sum[7:4], cout);
                end
                task adder4;
                input [3:0] A;
                input [3:0] B;
                input Cin;
                output [3:0] SUM;
                output Cout;
                reg C1, C2, C3;
                        begin
                            {C1, SUM[0]} = A[0]+B[0]+Cin;
                            {C2, SUM[1]} = A[1]+B[1]+C1;
                            {C3, SUM[2]} = A[2]+B[2]+C2;
                            {Cout, SUM[3]} = A[3]+B[3]+C3;
                        end
                endtask
endmodule
```

12. 函数(function)类似于其它编程语言中的函数，与任务一样，Verilog HDL 中的函数使用包括了函数的定义和调用。

函数的定义格式如下：

```
function<返回值类型或位宽><函数名>;
    <输入变量及类型声明语句>;
    <局部变量声明>;
        begin
            行为语句 1;
            行为语句 2;
            ...
            行为语句 n;
        end
endfunction
```

函数的调用格式如下：

```
<函数名><(输入表达式 1), (输入表达式 2)，…，(输入表达式 n)>;
```

13. 2 bit 4-1 多路选择器的 Verilog HDL 程序代码如下：

```
`timescale 1ns/1ns
module mux4_1;
    reg [1:0] a, b, c, d;
    reg [1:0] y;
    reg [1:0] sel;
    reg [1:0] w1, w2;
    initial
        begin
            {a, b, c, d} = 8'b00011011;
            sel = 2'b00;
            w1 = Y(a, b, sel[0]);
            w2 = Y(c, d, sel[0]);
            y = Y(w1, w2, sel[1]);
        end
        function[1:0] Y;
        input [1:0] A;
        input [1:0] B;
        input SEL;
            begin
                Y = (SEL==1'b0) ? A : B;
            end
        endfunction
endmodule
```

14. 可以用并行语句块，采用关键字“fork”和“join”，其中的语句按并行方式并发执行，块内每条语句的延迟时间是相对于程序流程控制进入到块内的仿真时间的。

15. 具体的 Verilog HDL 程序代码如下：

```
`timescale 1ns/1ns
module specify2(a, b, s, so, y);
    input a, b, s, so;
    output y;
    wire y;
    not#4 U1(so, s);
    assign y = (so&a)|(s&b);
        specify
            (a=>y) = (10:12:14);
            (b=>y) = (10:12:14);
            (s=>y) = (11:13:15);
            (so=>y) = (11:13:15);
        endspecify
endmodule
```

16. 具体的 Verilog HDL 程序代码如下：

```
`timescale 1ns/1ns
module specify1(a1, a2, a3, a4, y);
    input a1, a2, a3, a4;
    output y;
    wire y;
    wire y1, y2;
    and U1(y1, a1, a2);
    and U2(y2, a3, a4);
    or U3(y, y1, y2);
        specify
            (a1=>y) = (12, 10);
            (a2=>y) = (12, 10);
            (a3=>y) = (8, 6);
            (a4=>y) = (8, 6);
        endspecify
endmodule
```

17. 具体的 Verilog HDL 程序代码如下：

```
`timescale 1ns/1ns
module specify1(a1, a2, a3, a4, y);
    input a1, a2, a3, a4;
    output y;
```

```
        wire y;
        wire y1, y2;
        and U1(y1, a1, a2);
        and U2(y2, a3, a4);
        or U3(y, y1, y2);
        specify
            (a1, a2*>y) = (12, 10);
            (a3, a4*>y) = (8, 6);
        endspecify
    endmodule
```

18. 具体的 Verilog HDL 程序代码如下：

```
    `timescale 1ns/1ns
    module jk_trigger(clk, rst_n, j, k, q, qbar);
        input clk, rst_n, j, k;
        output q, qbar;
        reg q;
        wire qbar;
        always@(posedge clk or negedge rst_n)
            begin
                if(!rst_n) q <= 1'b0;
                else
                    begin
                        case({j, k})
                            2'b00: q <= q;
                            2'b01: q <= 1'b0;
                            2'b10: q <= 1'b1;
                            2'b11: q <= ~q;
                            default: q <= q;
                        endcase
                    end
            end
        assign qbar = ~q;
        specify
            (j, k*>q, qbar) = 8;
            (clk*>q) = 10;
            (clk*>qbar) = 12;
            (rst_n*>q) = 4;
            (rst_n*>qbar) = 5;
        endspecify
```

```
endmodule
```

19. 具体的 Verilog HDL 程序代码如下：

```
`timescale 1ns/1ns
module jkff(clk, rst_n, j, k, q, qbar);
    input clk, rst_n, j, k;
    output q, qbar;
    reg q;
    wire qbar;
    always@(posedge clk or negedge rst_n)
        begin
            if(!rst_n) q <= 1'b0;
            else
                begin
                    case({j, k})
                        2'b00: q <= q;
                        2'b01: q <= 1'b0;
                        2'b10: q <= 1'b1;
                        2'b11: q <= ~q;
                        default: q <= q;
                    endcase
                end
        end
    assign qbar = ~q;
    specify
        (clk=>q) = (14:16:18, 17:19:21, 18:20:22);
    endspecify
endmodule
```

20. `define 和 parameter 都可以用于完成文本替换，但其存在本质上的不同，前者是编译之前就预处理，而后者是在正常编译过程中完成替换的。此外，`define 和 parameter 传递功能、作用域也不同。

21. 例 4.3-8 环形移位寄存器的测试平台程序代码如下：

```
`timescale 1ns/1ns
module shiftregist1_tb;
    parameter shiftregist_width = 4;
    reg clk;
    reg rst_n;
    wire    [shiftregist_width-1:0] D;
    shiftregist1 U1(D, clk, rst_n);
    initial
```

```
            begin
                clk = 1'b0;
                rst_n = 1'b1;
                #20 rst_n = 1'b0;
                #100 rst_n = 1'b1;
            end
        always #10 clk = ~clk;
        always@(clk)$display("the time is %t", $time);
    endmodule
```

22. 例 4.3-9 序列信号发生器的测试平台程序代码如下：

```
    `timescale 1ns/1ns
    module signal_maker_tb;
        parameter M = 6;
        reg clk;
        reg load;
        reg [M-1:0] D;
        wire out;
        signal_maker U1(out, clk, load, D);
        initial
            begin
                clk = 1'b0;
                load = 1'b0;
                D = 6'b110010;
                #2000 load = 1'b1;
                #20 load = 1'b0;
            end
        always #10 clk = ~clk;
    endmodule
```

23. 例 4.4-1 顺序脉冲发生器的测试程序代码如下：

```
    `timescale 1ns/1ns
    module state4_tb;
        reg clk, rst_n;
        wire    [3:0]OUT;
        state4    U1(OUT, clk, rst_n);
        initial
            begin
                clk = 1'b0;
                rst_n = 1'b1;
                #20 rst_n = 1'b0;
```

```
            #100 rst_n = 1'b1;
        end
    always #10 clk = ~clk;
endmodule
```

24. 例 4.4-2 卖报机源程序的测试平台程序代码如下：

```
`timescale 1ns/1ns
module auto_sellor_tb;
    parameter state_width = 3, data_in_width = 3;
    reg clk, rst_n;
    reg [data_in_width-1:0] data_in;
    wire data_out, data_out_return1, data_out_return2;
    wire [state_width-1:0] current_state;
    auto_sellor U1(current_state, data_out, data_out_return1,
                        data_out_return2, clk, rst_n, data_in);
    initial
        begin
            clk = 1'b0;
            rst_n = 1'b1;
            data_in = 3'b000;
            #20 rst_n = 1'b0;
            #100 rst_n = 1'b1;
        end
    always #10 clk = ~clk;
    always
        begin
          data_in = 3'b000;
          #100 data_in = 3'b001;
          #100 data_in = 3'b010;
          #100 data_in = 3'b011;
          end
endmodule
```

第 6 章　Verilog HDL 高级程序设计举例

❖ **本章主要内容：**

(1) 采用行为级描述、结构级描述和数据流建模方式，对大规模数字电路进行设计和仿真；

(2) 掌握层次化 Verilog HDL 的设计方法，并能够用较为完整的测试方法对电路进行测试。

❖ **本章重点、难点：**

(1) 组合电路设计方法；
(2) 时序电路设计方法；
(3) 混合电路设计方法；
(4) 抽象化的电路设计方式；
(5) 硬件描述语言设计的多样性。

6.1　Verilog HDL 典型电路设计

6.1.1　向量乘法器

例 6.1-1　用 Verilog HDL 设计一个向量乘法器。

具体的 Verilog HDL 程序代码如下：

```
module multiply(product, mul_a, mul_b);
    parameter size = 2;
    input [size:1] mul_a, mul_b;
    output [2*size:1] product;
    reg [2*size:1] shift_mula, product;
    reg [size:1] shift_mulb;
    always@(mul_a or mul_b)
        begin
            product = 0;
            shift_mula = mul_a;
            shift_mulb = mul_b;
            repeat(size)
```

```
            begin
                #100;
                if(shift_mulb[1])
                    product = product+shift_mula;
                shift_mula = shift_mula<<1;
                shift_mulb = shift_mulb>>1;
            end
        end
endmodule
```

例 6.1-1 中，输入变量 mul_a、mul_b 分别为被乘数与乘数，内部变量 shift_mula、shift_mulb 用来作为被乘数与乘数的移位寄存器。乘法开始时，依据乘数的最低位确定被乘数是否进入部分积。

6.1.2 除法器

例 6.1-2 用 Verilog HDL 设计一个除法器。

移位比较除法器，需进行位数扩展，扩展为 2n(n 为除数位数)。先扩展为 2n 位，再将除数不断向左移位，每移一位就与被除数进行比较，若小于被除数，则该商位为 1'b1，并将被除数减去除数，否则商为 1'b0。

具体的 Verilog HDL 程序代码如下：

```
module divider(a, b, rem, y, error);
    input [7:0] a, b;
    output rem, y, error;
    reg [7:0] rem, y;
    reg error;
    reg [15:0] mil1, mil2;
    always@(a or b)
        begin
            if(b==8'b0)
                error = 1'b1;
            else
                begin
                    error = 1'b0; mil1 = {7'b0, a}; mil2 = {7'b0, b};
                end
            if(mil1>=mil2*128)
                begin
                    rem[7] = 1'b1; mil1 = mil1-mil2*128;
                end
            else
                rem[7] = 1'b0;
```

```
if(mil1>=mil2*64)
    begin
        rem[6] = 1'b1; mil1 = mil1-mil2*64;
    end
else
    rem[6] = 1'b0;
if(mil1>=mil2*32)
    begin
        rem[5] = 1'b1; mil1 = mil1-mil2*32;
    end
else
    rem[5] = 1'b0;
if(mil1>=mil2*16)
    begin
        rem[4] = 1'b1; mil1 = mil1-mil2*16;
    end
else
    rem[4] = 1'b0;
if(mil1>=mil2*8)
    begin
        rem[3] = 1'b1; mil1 = mil1-mil2*8;
    end
else
    rem[3] = 1'b0;
if(mil1>=mil2*4)
    begin
        rem[2] = 1'b1; mil1 = mil1-mil2*4;
    end
else
    rem[2] = 1'b0;
if(mil1>=mil2*2)
    begin
        rem[1] = 1'b1; mil1 = mil1-mil2*2;
    end
else
    rem[1] = 1'b0;
if(mil1>=mil2)
    begin
        rem[0] = 1'b1; mil1 = mil1-mil2;
```

```
                end
            else
                rem[0] = 1'b0;
        end
endmodule
```

例 6.1-3 用 Verilog HDL 设计一个除法器。

具体的 Verilog HDL 程序代码如下：

```
module divider2(a, b, r, q, error);
    parameter w = 8;
    input [w-1:0] a, b;
    output [w-1:0] q, r;
    output error;
    integer i;
    reg [w-1:0] q, r;
    reg [w:0] mid;
    always@(a or b)
        begin
            q = 8'b0; r = 8'b0; mid = 9'b0;
            for(i = w; i > 0; i = i-1)
                begin
                    mid = {mid[w-1:0], a[i-1]};  //被除数从高到低逐步移入中间量 mid
                    q = q<<1;                    //商左移
                    if(!mid[w])
                        mid = mid-{1'b0, b};     //判断 mid 的高位，为 1 则加被除数
                    else
                        mid = mid+{1'b0, b};
                        q[0] = !mid[w];          //将 mid 的高位取反赋给商的低位
                end
            if(mid[w])
                begin
                    mid = mid+{1'b0, b};
                    r = mid[w-1:0];              //循环结束后进行一次判断，得出余数
                end
            else
                r = mid[w-1:0];
        end
    assign error = (b==0)?1'b1:1'b0;
endmodule
```

6.1.3　相关器

例 6.1-4　用 Verilog HDL 设计一个非流水线相关器。

非流水线相关器是组合逻辑电路。两个输入的每一位进行异或运算，得到的结果进行取反，再将结果的每一位相加，得出两个输入的相关度，即对应位相同的个数。

具体的 Verilog HDL 程序代码如下：

```
module detect1(ain, bin, sum);
    input [15:0] ain, bin;
    output [4:0] sum;
    wire [15:0] mid;
    assign mid = ain^bin;
    assign mid = ~mid;
    assign sum = mid[0]+mid[1]+mid[2]+mid[3]+mid[4]+mid[5]+mid[6]
                 +mid[7]+mid[8]+mid[9]+mid[10]+mid[11]+mid[12]
                 +mid[13]+mid[14]+mid[15];
endmodule
```

例 6.1-5　用 Verilog HDL 设计一个流水线相关器。

流水线相关器是带时钟的，将非流水线的相关器拆为 3 步实现，即异或、取反、相加，每一步后面加上一个寄存器，即实现了流水线相关器。

具体的 Verilog HDL 程序代码如下：

```
module detect2(ain, bin, sum, clk);
    input [15:0] ain, bin;
    input clk;
    output [4:0] sum;
    reg [15:0] mid;
    reg [4:0] sum;
    always@(posedge clk)
        mid = ain^bin;
    always@(posedge clk)
        mid = ~mid;
    always@(posedge clk)
        sum = mid[0]+mid[1]+mid[2]+mid[3]+mid[4]+mid[5]+mid[6]+mid[7]
              +mid[8]+mid[9]+mid[10]+mid[11]+mid[12]+mid[13]+mid[14]+mid[15];
endmodule
```

6.1.4　键盘扫描程序

例 6.1-6　4 × 3 键盘扫描程序示例。

4 × 3 键盘控制线一共 7 条，4 行 3 列，每一个行、列的交点处有一个按键，根据行、列信号的触发与否，可以判断出哪一个按键按下，从而可以输出不同的值，此时再添加一个译码电路，将输出的状态转换成数字，使用数字译码管输出其对应的数值。

具体的 Verilog HDL 程序代码如下：

```
module scan(clk, row, col, code);
    input clk;
    input [3:0] col;
    inout [2:0] row;
    output [3:0] code;
    reg [3:0] code;
    always@(clk or row or col)
        case({row, col})
            7'b0001001: code = 4'h1;
            7'b0001010: code = 4'h2;
            7'b0001100: code = 4'h3;
            7'b0010001: code = 4'h4;
            7'b0010010: code = 4'h5;
            7'b0010100: code = 4'h6;
            7'b0100001: code = 4'h7;
            7'b0100010: code = 4'h8;
            7'b0100100: code = 4'h9;
            7'b1000001: code = 4'h1;
            7'b1000010: code = 4'h0;
            7'b1000100: code = 4'hb;
            default :    code = 4'd0;
        endcase
endmodule

module decode_7(out, in);
    output [6:0] out;
    input [3:0] in;
    reg [6:0] out;
    always@(in)
        case(in)
            4'b0000:out = 7'b1111110;
            4'b0001:out = 7'b0110000;
            4'b0010:out = 7'b1101101;
            4'b0011:out = 7'b1111001;
            4'b0100:out = 7'b0110011;
            4'b0101:out = 7'b1011011;
            4'b0110:out = 7'b0011111;
```

```
            4'b0111:out = 7'b1110000;
            4'b1000:out = 7'b1111111;
            4'b1001:out = 7'b1110011;
            4'b1010:out = 7'b0001101;
            4'b1011:out = 7'b0011001;
            default :out = 7'b0000000;
        endcase
endmodule

module keyboard(row, col, clk, out);
    input clk;
    input [3:0] col;
    inout [2:0] row;
    output [6:0] out;
    wire [3:0] w1;
    scan U1(clk, row, col, w1);
    decode_7 U2(w1, in);
endmodule
```

6.1.5　查找表矩阵运算

例 6.1-7　用查找表描述矩阵运算。

矩阵运算是线性代数中极其重要的部分，对于形如 $AB = C$ 的矩阵乘法，其中 A_{n*n}(满秩)为已知矩阵，从而根据 B_{n*1} 的取值查表即可得到 C_{n*1} 每一项的值。

假定 $A = [1, 2, 3; 4, 5, 6; 7, 8, 9]$，根据 B 的不同取值，对应的 C 的取值表格如表 6.1-1 所示。

表 6.1-1　矩阵乘法查找表

B			C		
0	0	0	00	00	00
0	0	1	03	06	09
0	1	0	02	05	08
0	1	1	05	11	17
1	0	0	01	04	07
1	0	1	04	10	16
1	1	0	03	09	15
1	1	1	06	15	24

```
module lookup_martx(b, c);
    input [2:0] b;
    output [5:0] c;
```

```
        reg [5:0] c;
        always @(b)
            case(b)
                3'b000: c <= 6'd000000;
                3'b001: c <= 6'd030609;
                3'b010: c <= 6'd020508;
                3'b011: c <= 6'd051117;
                3'b100: c <= 6'd010407;
                3'b101: c <= 6'd041016;
                3'b110: c <= 6'd030915;
                3'b111: c <= 6'd061524;
            endcase
    endmodule
```

6.1.6 巴克码相关器设计

在通信系统中，数字相关器起到数字匹配滤波的作用，它可以对特定码序列进行相关处理，从而完成信号的解码，恢复传送的信息。与模拟相关器相比，数字相关器灵活性强、功耗低、易于集成，广泛用于帧同步字检测、扩频接收、误码校正以及模式匹配等。

这里以 11 位巴克码序列峰值相关器为例介绍相关器的实现。巴克码相关器能够检测巴克码序列峰值，并且在 1 bit 错误情况下，能够检测巴克码序列峰值。

巴克码是 20 世纪 50 年代初 R.H.巴克提出的一种具有特殊规律的二进制码组。它是一个非周期序列，一个 n 位的巴克码$\{X_1, X_2, X_3, \cdots, X_n\}$，每个码元只可能取值 +1 或 –1。而 11 位的巴克码则是 11'b11100010010。

巴克码检测器输入的是 1 位序列，需要将其先移至移位寄存器中，再将移位寄存器中的值与标准巴克码同或，通过判断同或值是否大于阈值来确定巴克码。巴克码检测器的结构图如图 6.1-1 所示。

图 6.1-1 巴克码检测器的结构图

例 6.1-8 巴克码相关器的设计示例。

巴克码检测器的 Verilog HDL 代码程序如下：

```
module barc(clk, rst_n, din, valid);
    input clk, rst_n, din;
    output valid;
    reg [10:0] shift;
    wire [10:0] f;
```

```
    wire [1:0] sum1, sum2, sum3, sum4, sum5;
    wire [2:0] sum6, sum7;
    reg valid;
    wire [3:0] sum;
    always@(posedge clk or negedge rst_n)
        if(!rst_n)
            shift<= 11'b0;
        else
            shift <= {shift[9:0], din};
    assign f = shift ^~ 11'b11100010010;
    assign sum1 = f[0] + f[1];
    assign sum2 = f[2] + f[3];
    assign sum3 = f[4] + f[5];
    assign sum4 = f[6] + f[7];
    assign sum5 = f[8] + f[9] + f[10];
    assign sum6 = sum1 + sum2;
    assign sum7 = sum3 + sum4 + sum5;
    assign sum = sum6 + sum7;
    always@(sum)
        begin
            if(sum >= 10)
                valid <= 1'b1;
            else
                valid <= 1'b0;
        end
endmodule
```

这里以三组序列来测试巴克码检测器，分别是 11'b11100010011、11'b11100010001、11'b11100010010。11'b11100010011 与标准巴克码之间有 1 位不同，11'b11100010001 与标准巴克码之间有 2 位不同，11'b11100010010 则为标准巴克码。

巴克码检测器测试程序如下：

```
module barc_tb;
    reg clk, rst_n, din;
    reg [32:0] data;
    initial
        begin
            clk = 1'b0;
            forever
                #10 clk = ~clk;
        end
```

```
    initial
        begin
            rst_n = 1'b0; #5 rst_n = 1'b1;
        end
    initial
        begin
            data = 33'b11100010011_11100010001_11100010010;
        end
    integer i;
    always@(posedge clk or negedge rst_n)
        if(!rst_n)
            begin
                din = 1'b0; i = 32;
            end
        else
            begin
                if(i == 0)
                    begin
                        din = data[i]; i = 32;
                    end
                else
                    begin
                        din = data[i]; i = i - 1;
                    end
            end
    barc m(.clk(clk), .rst(rst), .din(din), .valid(valid));
endmodule
```

其测试结果如图 6.1-2 所示。

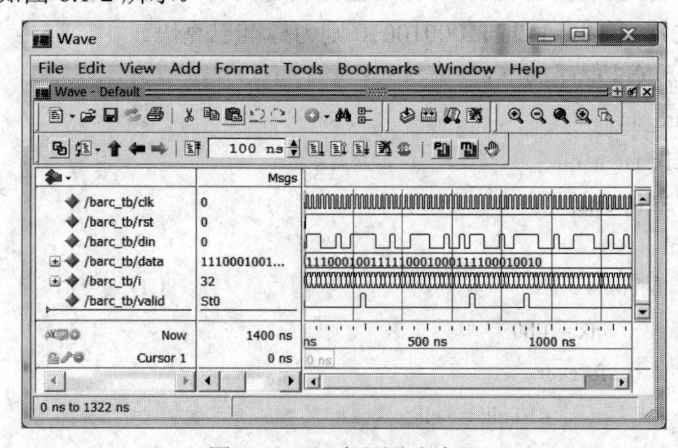

图 6.1-2 巴克码测试结果

6.1.7　数字频率计

数字频率计是一种可以测量信号频率的数字测量仪器，它常常用来测量方波信号、正弦信号、三角波信号以及其它各种单位时间内变化的物理量。在数字电路中，数字频率计属于时序电路，主要由触发器构成。

例 6.1-9　设计一个 8 位数字显示的简易频率计。

要求：

(1) 能够测试 10 Hz～10 MHz 的方波信号；

(2) 电路输入的基准时钟为 1 Hz，要求测量值以 8421BCD 码形式输出；

(3) 系统有复位键。

以 1 Hz 的时钟作为基准信号，测量 10 Hz～10 MHz 的频率。在电路中，采用 8 个级联的模十计数器进行计数，8 个模十计数器分别输出第 1 位～第 8 位的 8421BCD 码。其对应的 Verilog HDL 程序的结构图如图 6.1-3 所示。

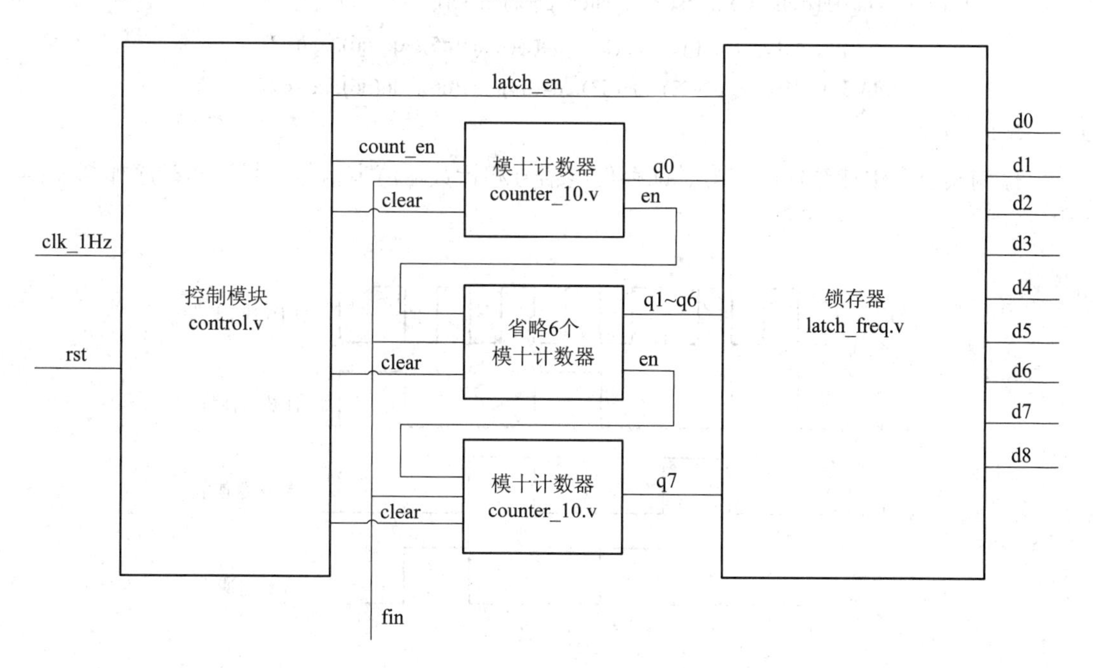

图 6.1-3　简易频率计的结构图

如图 6.1-3 所示，简易频率计由三个模块组成，分别是控制模块、模十计数器模块以及锁存器模块。其 Verilog HDL 程序代码如下：

```
module freqDetect(clk_1Hz, fin, rst, d0, d1, d2, d3, d4, d5, d6, d7);
    input clk_1Hz, fin, rst;
    output [3:0] d0, d1, d2, d3, d4, d5, d6, d7;
    wire [3:0] q0, q1, q2, q3, q4, q5, q6, q7;
    wire count_en, latch_en, clear;
    //控制模块
```

```
control control(.clk_1Hz(clk_1Hz), .rst(rst), .count_en(count_en),
.latch_en(latch_en), .clear(clear));
//计数器模块
counter_10 counter0(.en_in(count_en), .clear(clear), .rst(rst), .fin(fin), .en_out(en_out0), .q(q0));
counter_10 counter1(.en_in(en_out0), .clear(clear), .rst(rst), .fin(fin), .en_out(en_out1), .q(q1));
counter_10 counter2(.en_in(en_out1), .clear(clear), .rst(rst), .fin(fin), .en_out(en_out2), .q(q2));
counter_10 counter3(.en_in(en_out2), .clear(clear), .rst(rst), .fin(fin), .en_out(en_out3), .q(q3));
counter_10 counter4(.en_in(en_out3), .clear(clear), .rst(rst), .fin(fin), .en_out(en_out4), .q(q4));
counter_10 counter5(.en_in(en_out4), .clear(clear), .rst(rst), .fin(fin), .en_out(en_out5), .q(q5));
counter_10 counter6(.en_in(en_out5), .clear(clear), .rst(rst), .fin(fin), .en_out(en_out6), .q(q6));
counter_10 counter7(.en_in(en_out6), .clear(clear), .rst(rst), .fin(fin), .en_out(en_out7), .q(q7));
//锁存器模块
latch u1(.clk_1Hz(clk_1Hz), .rst(rst), .latch_en(latch_en),
        .q0(q0), .q1(q1), .q2(q2), .q3(q3), .q4(q4), .q5(q5), .q6(q6), .q7(q7),
        .d0(d0), .d1(d1), .d2(d2), .d3(d3), .d4(d4), .d5(d5), .d6(d6), .d7(d7));
endmodule
```

控制模块产生计数使能信号、锁存使能信号和计数器清零信号。其工作时序如图 6.1-4 所示。

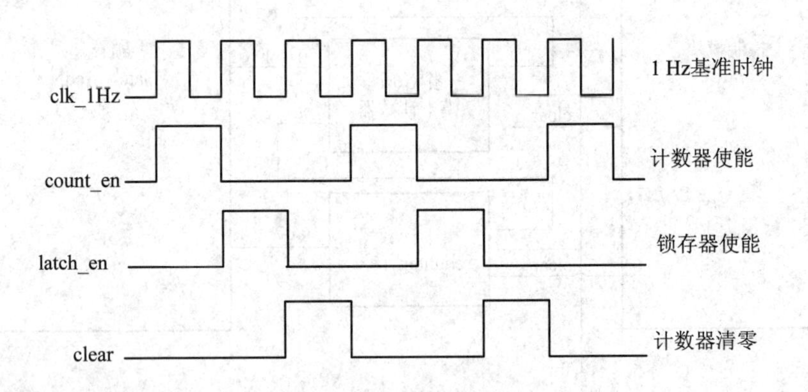

图 6.1-4　简易频率计的工作时序

控制模块的 Verilog HDL 程序代码如下：

```
module control(clk_1Hz, rst_n, count_en, latch_en, clear);
    input clk_1Hz, rst_n;
    output count_en, latch_en, clear;
    reg count_en, latch_en, clear;
    reg [1:0] state;
    always@(posedge clk_1Hz or negedge rst_n)
    if(!rst_n)
```

```
            begin
                state <= 2'd0; count_en <= 1'b0;
                latch_en <= 1'b0; clear <= 1'b0;
            end
        else
            begin
                case(state)
                2'd0:
                    begin
                        count_en <= 1'b1; latch_en <= 1'b0;
                        clear <= 1'b0; state <= 2'd1;
                    end
                2'd1:
                    begin
                        count_en <= 1'b0; latch_en <= 1'b1;
                        clear <= 1'b0; state <= 2'd2;
                    end
                2'd2:
                    begin
                        count_en <= 1'b0; latch_en <= 1'b0;
                        clear <= 1'b1; state <= 2'd0;
                    end
                default:
                    begin
                        count_en <= 1'b0; latch_en <= 1'b0;
                        clear <= 1'b0; state <= 2'd0;
                    end
                endcase
            end
    endmodule
```

当计数使能时模十计数器开始计数，当计数器到达 4'b1001 时，输出下一模式计数器的使能信号并且计数器清零。

```
    module counter_10(en_in, rst_n, clear, fin, en_out, q);
        input en_in, rst_n, fin, clear;
        output en_out;
        output [3:0] q;
        reg en_out;
        reg [3:0] q;
        always@(posedge fin or negedge rst_n)
```

```
        if(!rst_n)
            begin
                en_out <= 1'b0; q <= 4'b0;
            end
        else if(en_in)
                begin
                    if(q == 4'b1001)
                        begin
                            q <= 4'b0; en_out <= 1'b1;
                        end
                    else
                        begin
                            q <= q + 1'b1; en_out <= 1'b0;
                        end
                end
        else if(clear)
            begin
                q <= 4'b0; en_out <= 1'b0;
            end
        else
            begin
                q <= q; en_out <= 1'b0;
            end
    endmodule
```

当锁存使能时，锁存器将 8 个模十计数器的输出值锁存并且输出。

```
    module latch(clk_1Hz, latch_en, rst, q0, q1, q2, q3, q4, q5, q6, q7,
                d0, d1, d2, d3, d4, d5, d6, d7);
        input rst_n, clk_1Hz, latch_en;
        input [3:0] q0, q1, q2, q3, q4, q5, q6, q7;
        output [3:0] d0, d1, d2, d3, d4, d5, d6, d7;
        reg [3:0] d0, d1, d2, d3, d4, d5, d6, d7;
        always@(posedge clk_1Hz or negedge rst_n)
            if(!rst_n)
                begin
                    d0 <= 4'b0; d1 <= 4'b0; d2 <= 4'b0; d3 <= 4'b0;
                    d4 <= 4'b0; d5 <= 4'b0; d6 <= 4'b0; d7 <= 4'b0;
                end
            else if(latch_en)
                begin
```

```
                d0 <= q0; d1 <= q1; d2 <= q2; d3 <= q3;
                d4 <= q4; d5 <= q5; d6 <= q6; d7 <= q7;
            end
        else
            begin
                d0 <= d0; d1 <= d1; d2 <= d2; d3 <= d3;
                d4 <= d4; d5 <= d5; d6 <= d6; d7 <= d7;
            end
endmodule
```

这里以 5 MHz 作为被测频率来测试该程序，其测试程序代码如下：

```
`timescale 1ns/1ps
module freqDetect_tb;
    parameter CLK1HZ_DELAY = 5_0000_0000;      // 1 Hz 基准信号
    parameter FIN_DELAY = 100;                 // 5 MHz 的被测频率
    reg clk_1Hz;
    reg fin;
    reg rst_n;
    wire [3:0] d0, d1, d2, d3, d4, d5, d6, d7;
    initial
        begin
            rst_n = 1'b0;
            #1 rst_n = 1'b1;
        end
    initial
        begin
            fin = 1'b0;
            forever
                #FIN_DELAY    fin = ~fin;
        end
    initial
        begin
            clk_1Hz = 1'b0;
            forever
                #CLK1HZ_DELAY clk_1Hz = ~clk_1Hz;
        end
    freqDetect freqDetect(.clk_1Hz(clk_1Hz), . rst_n (rst_n), .fin(fin),
                .d0(d0), .d1(d1), .d2(d2), .d3(d3), .d4(d4), .d5(d5), .d6(d6), .d7(d7));
endmodule
```

测试结果如图 6.1-5 所示。

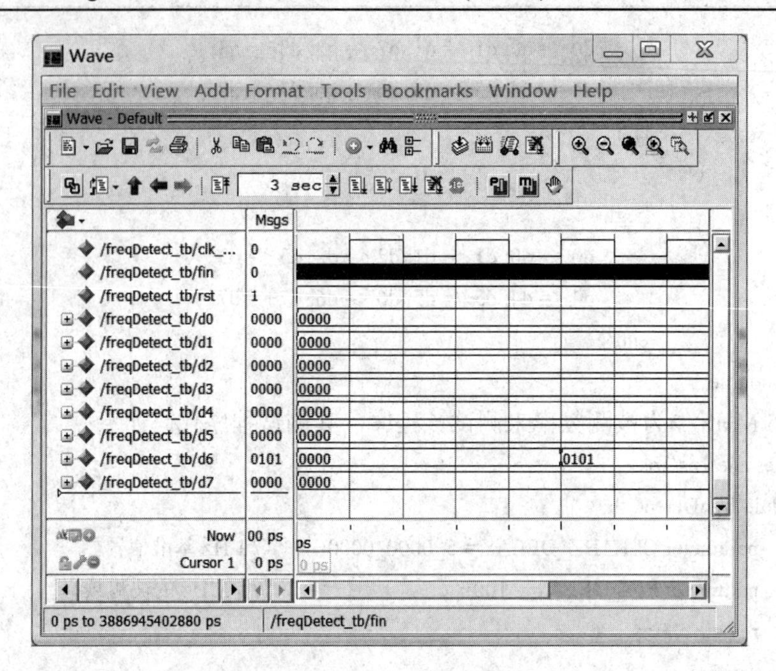

图 6.1-5　频率计测试结果

6.1.8　简易微处理器的设计

例 6.1-10　用函数实现简单的微处理器。

本例设计实现一个简单的微处理器，该处理器根据输入的指令，能实现四种操作，即两数相加、两数相减、操作数加 1、操作数减 1。操作码和操作数均从输入指令中提取。

```
module mip(instr, out);
    input [17:0] instr;            //instr 为输入的指令
    output [8:0] out;
    reg [8:0] out;
    reg func;
    reg [7:0] op1, op2;                  //从指令中提取的两个操作数

    function [16:0] code_add;
        input [17:0] instr;
        reg add_func;
        reg [7:0] code, opr1, opr2;
            begin
                code = instr[17:16];       //输入指令 instr 的高 2 位是操作码
                opr1 = instr[7:0];      //输入指令 instr 的低 8 位是操作数 opr1
                case(code)
                    2'b00: begin
                            add_func = 1'b1;
```

```
                    opr2 = instr[15:8];     //从 instr 中取第二个操作数
                end
            2'b01: begin
                    add_func = 0;
                    opr2 = instr[15:8];
                end
            2'b10: begin
                    add_func = 1'b1;
                    opr2 = 8'b11111111;   //第二个操作数取为 1，实现+1 操作
                end
            default: begin
                    add_func = 1'b0;
                    opr2 = 8'b11111111;     //实现-1 操作
                end
          endcase
          code_add = {add_func, opr2, opr1};
      end
  endfunction

  always@(instr)
     begin
        {func, op2, op1} = code_add(instr);       //调用函数
        if(func==1'b1)    out = op1+op2;          //实现两数相加、操作数 1 加 1 操作
        else              out = op1-op2;          //实现两数相减、操作数 1 减 1 操作
     end
endmodule
```

微处理器测试程序代码如下：

```
`timescale 10ns/1ns
`include "mip.v"
module mip_tb;
    reg [17:0] instr;
    wire [8:0] out;
    parameter DELY=10;
    mip U1(instr, out);
    initial
        begin
                instr = 18'b0;
            #DELY instr = 18'b00_01001101_00101111;
            #DELY instr = 18'b00_11001101_11101111;
```

```
            #DELY instr = 18'b01_01001101_11101111;
            #DELY instr = 18'b01_01001101_00101111;
            #DELY instr = 18'b10_01001101_00101111;
            #DELY instr = 18'b11_01001101_00101111;
            #DELY instr = 18'b00_01001101_00101111;
            #DELY $finish;
        end
    initial $monitor($time, , "instr=%b out=%b", instr, out);
endmodule
```

图 6.1-6 所示是用 ModelSim 进行编译和仿真的结果。

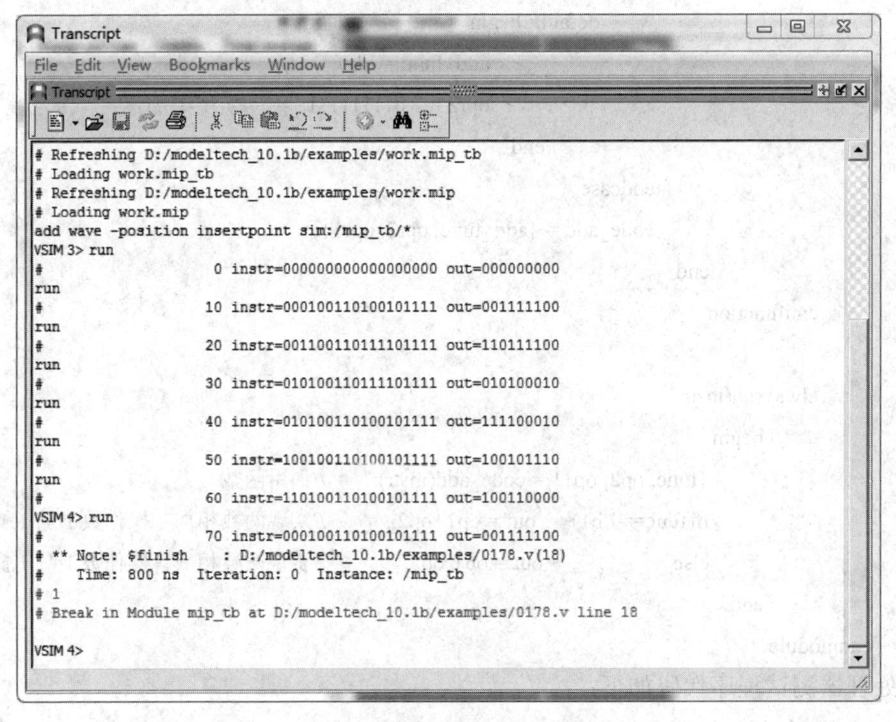

图 6.1-6　微处理器仿真结果

*6.2　FPGA 与 DSP 外部拓展接口(XINTF)通信举例

例 6.2-1　FPGA 通过 XINTF 从 DSP 收发数据示例。

设计要求 FPGA 将 4 路数据发送给 DSP，并从 DSP 接收 3 路数据，数据的接收和发送对应固定的地址空间。

FPGA 通过 XINTF 从 DSP 接收 19 位地址，对地址进行译码处理。DSP 发起读操作时，FPGA 检测到 xrd_n 信号被拉低，按照不同地址的译码结果，选择 4 路数据中的一路送到数据总线上，存放到对应的地址空间。DSP 发起写操作时，FPGA 检测到 xwe_n 信号被拉低，接收数据，并按照地址译码结果，将接收到的数据分配给不同的输出端口。

图 6.2-1、图 6.2-2 分别为 XINTF 的读、写操作时序图。

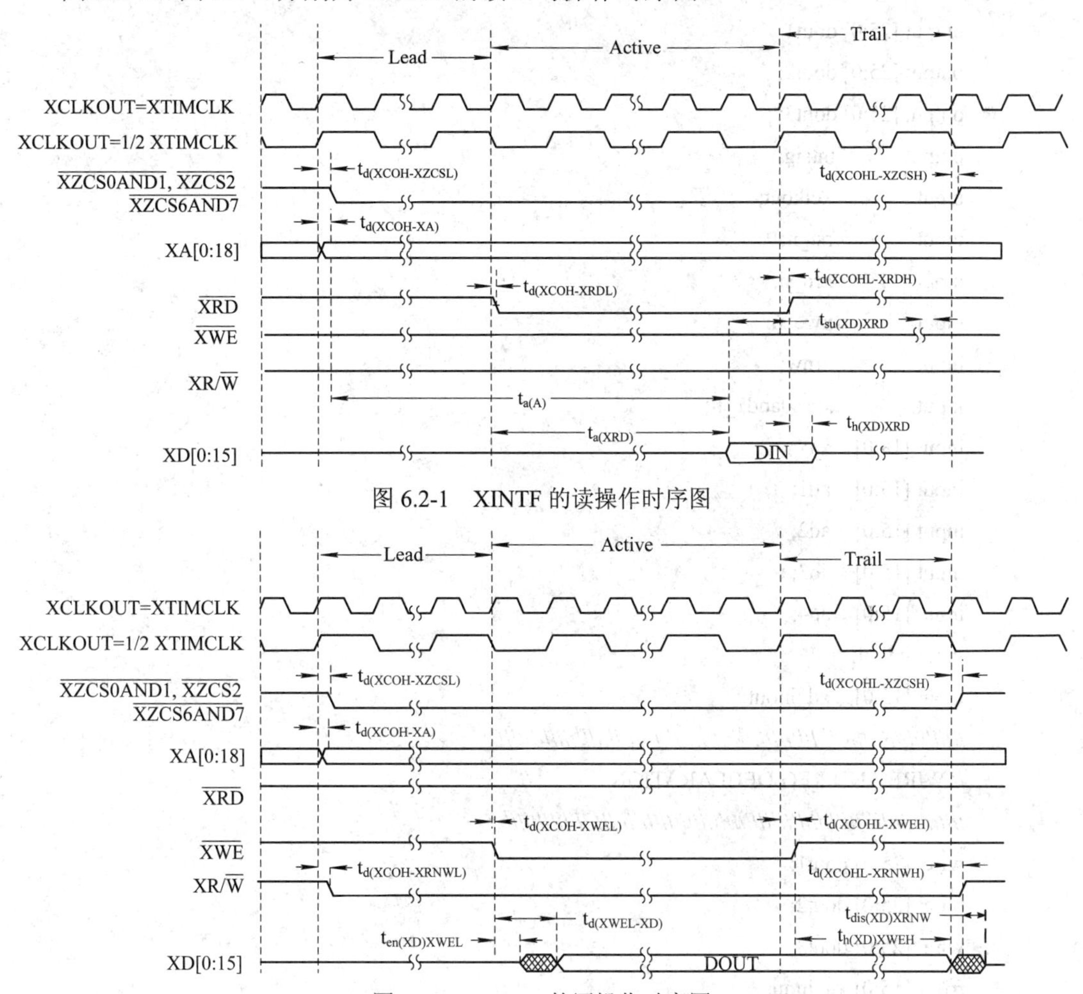

图 6.2-1　XINTF 的读操作时序图

图 6.2-2　XINTF 的写操作时序图

顶层模块的程序代码如下：

```
`timescale 1ns/1ns
module XINTF
(
    //output port
    dout1, dout2, dout3, intsig,
    //input port
    xclkout, rst_n, xrd_n, xwe_n, xrnw, xzcs0and1_n, xa, ad1, ad2, ad3, ad4, int_in,
    //inout port
    xd_inout
);
////////////////////////////////////////////////////////////////////////
// OUTPUT AND INPUT DECLARATION
```

```
/////////////////////////////////////////////////////////////////////////////////
output [25:0] dout1;
output [25:0] dout2;
output [25:0] dout3;
output          intsig;
input           xclkout;
input           rst_n;
input           xrd_n;
input           xwe_n;
input           xrnw;
input           xzcs0and1_n;
input [18:0]    xa;
input [15:0]    ad1;
input [15:0]    ad2;
input [15:0]    ad3;
input [15:0]    ad4;
input int_in;
inout [15:0]    xd_inout;
/////////////////////////////////////////////////////////////////////////////////
// WIRE AND REG DECLARATION
/////////////////////////////////////////////////////////////////////////////////
wire  [25:0] dout1;
wire  [25:0] dout2;
wire  [25:0] dout3;
tri   [15:0] xd_inout;
wire  [15:0] xd_wdata;
wire cs1, cs2, cs3;
wire  [1:0] dis, sel;
wire cs_r;
wire  [15:0] din;
wire  intsig;
intsig u_intsig (
              .intsig (intsig),
              .xclkout (xclkout),
              .rst_n  (rst_n),
              .int_in (int_in)
              );
randw u_randw (
              .xd_wdata (xd_wdata),
```

```
                .xclkout (xclkout),
                .rst_n  (rst_n),
                .xrd_n (xrd_n),
                .xwe_n (xwe_n),
                .xrnw (xrnw),
                .xzcs0and1_n (xzcs0and1_n)
                .data (din),
                .xd_inout (xd_inout)
                );
decode u_decode(
                .cs1 (cs1),
                .cs2 (cs2),
                .cs3 (cs3),
                dis (dis),
                .cs_r  (cs_r),
                .sel (sel),
                .xzcs0and1_n xzcs0and1_n),
                .xa (xa)
                );
sel u_sel       (
                .data (din),
                .xclkout (xclkout),
                .rst_n (rst_n),
                .ad1 (ad1),
                .ad2 (ad2),
                .ad3 (ad3),
                .ad4 (ad4),
                .cs_r (cs_r),
                .sel (sel)
                );
dis u_dis_1     (
                .dout (dout1),
                .addr ( ),
                .xclkout (xclkout),
                rst_n (rst_n),
                .xwe_n (xwe_n ),
                .cs (cs1),
                .dis (dis),
                .xd_wdata  (xd_wdata)
```

```
            );
dis u_dis_2 (
            .dout (dout2),
            .addr ( ),
            .xclkout (xclkout),
            rst_n (rst_n),
            .xwe_n (xwe_n),
            .cs   (cs1),
            .dis (dis),
            .xd_wdata (xd_wdata)
            );
dis u_dis_3 (
            .dout (dout3),
            .addr ( ),
            .xclkout (xclkout),
            rst_n (rst_n),
            .xwe_n (xwe_n),
            .cs (cs1),
            .dis (dis),
            .xd_wdata (xd_wdata)
            );
endmodule
```

中断信号同步模块的程序代码如下：

```
`timescale 1ns/1ns
module intsig
(
    //output port
    intsig,
    //input port
    xclkout, rst_n, int_in
);
//////////////////////////////////////////////////////////////////////////
//OUTPUT AND INPUT DECLARATION
//////////////////////////////////////////////////////////////////////////
output intsig;
input xclkout;
input rst_n;
input int_in;
//////////////////////////////////////////////////////////////////////////
```

```
// WIRE AND REG DECLARATION
//////////////////////////////////////////////////////////////////////
reg temp1;
reg temp2;
wire intsig;
//////////////////////////////////////////////////////////////////////
// SEQUENTIAL LOGIC
//////////////////////////////////////////////////////////////////////
always@(posedge xclkout or negedge rst_n)
    begin
        if(rst_n == 1'h0)
            begin
                temp1 <= 1'h1;
            end
        else
            begin
                temp1 <= int_in;
            end
    end
    always@(posedge xclkout or negedge rst_n)
        begin
            if(rst_n == 1'h0)
                begin
                    temp2 <= 1'h1;
                end
        else
                begin
                    temp2 <= temp1;
                end
        end
    //////////////////////////////////////////////////////////////////////
    // COMBINATIONAL LOGIC
    //////////////////////////////////////////////////////////////////////
    assign intsig = temp2;
endmodule
```

地址译码模块：通过对地址的译码产生 FPGA 发送数据的选择信号 sel、接收数据的分配信号 cs、dis，分别作为数据选择模块、数据分配模块的控制信号。

其程序代码如下：

```
`timescale 1ns/1ns
```

```
module decode
(
    //output port
    cs1, cs2, cs3, dis, cs_r, sel,
    //input port
    xzcs0and1_n, xa
);
//////////////////////////////////////////////////////////////////////////
// OUTPUT AND INPUT DECLARATION
//////////////////////////////////////////////////////////////////////////
output cs1, cs2, cs3;
output [1:0] dis, sel;
output cs_r;
input xzcs0and1_n;
input [18:0] xa;
//////////////////////////////////////////////////////////////////////////
// WIRE AND REG DECLARATION
//////////////////////////////////////////////////////////////////////////
wire cs1, cs2, cs3;
wire [1:0] dis, sel;
wire cs_r;
wire cs_w;
    assign cs_w = ((xzcs0and1_n == 1'h0) && (xa[18:12] == 7'h02))? 1'h1 : 1'h0 ;
    assign cs1 = cs_w & (~xa[11]) & xa[10] & (~xa[9]) & (~xa[8]);
    assign cs2 = cs_w & (~xa[11]) & xa[10] & (~xa[9]) &   xa[8] ;
    assign cs3 = cs_w & (~xa[11]) & xa[10] &   xa[9]  & (~xa[8]);
    assign dis = xa[7:6];
    assign cs_r = ((cs_w == 1'h1) && (xa[11:10] == 2'h0))? 1'h1 : 1'h0;
    assign sel = xa[9:8];
endmodule
```

数据选择模块：主要是 4-1 数据选择器，根据地址译码模块产生 sel 信号，选择 ad1、ad2、ad3、ad4 其中一路作为发送数据 data。

其 Verilog HDL 程序代码如下：

```
`timescale 1ns/1ns
module sel
(
    //output port
    data,
    //input port
```

```
    xclkout, rst_n, ad1, ad2, ad3, ad4, cs_r,  sel
);
//////////////////////////////////////////////////////////////////////
// OUTPUT AND INPUT DECLARATION
//////////////////////////////////////////////////////////////////////
output [15:0] data;
input xclkout;
input rst_n;
input [15:0] ad1;
input [15:0] ad2;
input [15:0] ad3;
input [15:0] ad4;
input cs_r;
input [1:0] sel;
//////////////////////////////////////////////////////////////////////
// WIRE AND REG DECLARATION
//////////////////////////////////////////////////////////////////////
reg [15:0] data;
//////////////////////////////////////////////////////////////////////
// SEQUENTIAL LOGIC
//////////////////////////////////////////////////////////////////////
always@(posedge xclkout or negedge rst_n)
    begin
        if(rst_n == 1'h0)
            begin
                data <= 16'h0;
            end
        else if(cs_r == 1'h1)
            begin
                case(sel)
                    2'h0: data <= ad1;
                    2'h1: data <= ad2;
                    2'h2: data <= ad3;
                    2'h3: data <= ad4;
                    default: data <= 16'h0000;
                endcase
            end
    end
endmodule
```

数据分配模块：根据地址译码模块产生 dis 信号，将接收到的连续 4 个地址空间的数据进行拼接、截位处理，然后根据 cs 信号将处理后的数据送到对应的输出端口。

其 Verilog HDL 程序代码如下：

```
`timescale 1ns/1ns
module dis
(
    //output port
    dout, addr,
    //input port
    xclkout, rst_n, xwe_n, cs,
    dis, xd_wdata
);
//////////////////////////////////////////////////////////////////////////////
// OUTPUT AND INPUT DECLARATION
//////////////////////////////////////////////////////////////////////////////
output [25:0] dout;
output addr;
input xclkout;
input rst_n;
input xwe_n;
input cs;
input [1:0] dis;
input [15:0] xd_wdata;
//////////////////////////////////////////////////////////////////////////////
// WIRE AND REG DECLARATION
//////////////////////////////////////////////////////////////////////////////
reg [25:0] dout;
reg addr;
reg [1:0] cnt;
reg [15:0] a1;
reg [15:0] a2;
reg [15:0] a3;
reg [15:0] a4;
reg xwe_n_reg;
//////////////////////////////////////////////////////////////////////////////
// SEQUENTIAL LOGIC
//////////////////////////////////////////////////////////////////////////////
always@(posedge xclkout or negedge rst_n)
```

```
        begin
                if(rst_n == 1'h0)
                        begin
                                xwe_n_reg <= 1'h1;
                        end
                else
                        begin
                                xwe_n_reg <= xwe_n;
                        end
        end
always@(posedge xclkout or negedge rst_n)
        begin
                if(rst_n == 1'h0)
                begin
                        cnt <= 2'h0;
                end
        else if(xwe_n_reg ==1'h0 && cs ==1'h1)
                begin
                        case(dis)
                                2'h0: cnt <= 2'h0;
                                2'h1: cnt <= 2'h1;
                                2'h2: cnt <= 2'h2;
                                2'h3: cnt <= 2'h3;
                                default: cnt <= 2'h0;
                        endcase
                end
end
always@(posedge xclkout or negedge rst_n)
        begin
                if(rst_n == 1'h0)
                        begin
                                dout <= 26'h0;
                                addr <= 1'h0;
                        end
                else if(cnt == 2'h1)
                        begin
                                dout <= {a1[9:0], a2};
                                addr <= 1'h0;
```

```
                end
            else if(cnt == 2'h3)
                begin
                    dout <= {a3[9:0], a4};
                    addr <= 1'h1;
                end
        end
    always@(posedge xclkout or negedge rst_n)
        begin
            if(rst_n == 1'h0)
                begin
                    a1 <= 16'h0;
                    a2 <= 16'h0;
                    a3 <= 16'h0;
                    a4 <= 16'h0;
                end
            else if(xwe_n_reg == 1'h0 && cs == 1'h1)
            begin
                case(dis)
                    2'h0: a1 <= xd_wdata;
                    2'h1: a2 <= xd_wdata;
                    2'h2: a3 <= xd_wdata;
                    2'h3: a4 <= xd_wdata;
                endcase
            end
        end
    endmodule
```

数据读写模块：检测到读信号 xrd_n 被拉低，将数据选择模块选择后的数据发送给 DSP，检测到写信号 xwe_n 被拉低，接收从 DSP 发送过来的数据，送入数据分配模块。

其 Verilog HDL 程序代码如下：

```
    `timescale 1ns/1ns
    module randw
    (
        //output port
        xd_wdata,
        //input port
        xclkout, rst_n, xrd_n, xwe_n, xrnw, xzcs0and1_n, data,
        //inout port
```

```
        xd_inout
    );
    ////////////////////////////////////////////////////////////////////////
    // OUTPUT AND INPUT DECLARATION
    ////////////////////////////////////////////////////////////////////////
    output [15:0] xd_wdata;
    input xclkout;
    input rst_n;
    input xrd_n;
    input xwe_n;
    input xrnw;
    input xzcs0and1_n;
    input [15:0] data;
    inout [15:0] xd_inout;
    ////////////////////////////////////////////////////////////////////////
    // WIRE AND REG DECLARATION
    ////////////////////////////////////////////////////////////////////////
    wire [15:0] xd_wdata;
    tri [15:0] xd_inout;
    reg [15:0] rdata;
    reg [15:0] wdata;
    reg inout_sig;
    wire [15:0] xd_rdata;
    ////////////////////////////////////////////////////////////////////////
    // SEQUENTIAL LOGIC
    ////////////////////////////////////////////////////////////////////////
    always@(posedge xclkout or negedge rst_n)
        begin
            if(rst_n == 1'h0)
                begin
                    wdata <= 16'h0000;
                end
            else if(xzcs0and1_n == 1'h0)
                begin
                    if(xwe_n == 1'h0)
                        begin
                            wdata <= xd_inout;
                        end
                end
```

```
        end
always@(posedge xclkout or negedge rst_n)
        begin
            if(rst_n == 1'h0)
            begin
                rdata <= 16'h0000;
            end
        else if(xzcs0and1_n == 1'h0)
            begin
                if(xrd_n == 1'h0)
                    begin
                        rdata <= data;
                    end
            end
        end
always@(posedge xclkout or negedge rst_n)
        begin
            if(rst_n == 1'h0)
                begin
                    inout_sig <= 1'h0;
                end
            else if(xzcs0and1_n== 1'h0)
                begin
                    if(xrd_n == 1'h0)
                    begin
                        inout_sig <= 1'h1;
                    end
                else if(xrnw == 1'h0)
                    begin
                        inout_sig <= 1'h0;
                    end
            end
        end
        ////////////////////////////////////////////////////////////////////////////
        // COMBINATIONAL LOGIC
        ////////////////////////////////////////////////////////////////////////////
        assign xd_wdata = wdata;
        assign xd_rdata = rdata;
        assign xd_inout = (inout_sig == 1'h1) ? xd_rdata : 16'hzzzz;
    endmodule
```

*6.3　FPGA 从 ADC 采集数据举例

例 6.3-1　FPGA 从 ADC 采集数据示例。

AD977A 有多种工作模式，这里采用“外部不连续时钟，在转换期间读取上一次转换结果”的工作模式，吞吐率为 200 kHz。图 6.3-1 为该工作模式下的时序图。

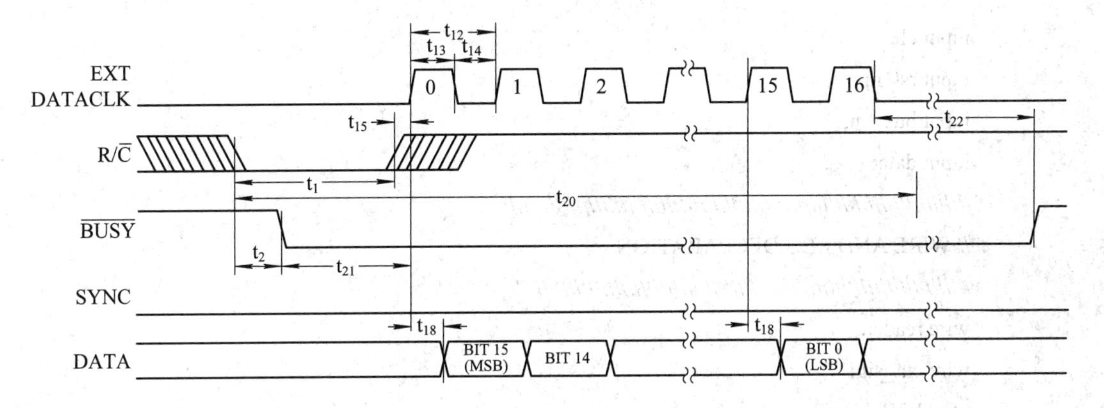

图 6.3-1　AD977A 工作时序图

当 BUSY 变低时，转换开始进行，前一个转换的结果在 R/$\overline{C}$ 高的情况下可以被读出。MSB 将在 DATACLK 第一个下降沿和第二个上升沿有效，LSB 将在 DATACLK 第 16 个下降沿和第 17 个上升沿有效。DATACLK 周期要求最小为 66 ns。

设计思路：系统时钟频率为 60 MHz，分频产生 200 kHz 的读取转换信号 read，检测到 read 由低变高时产生 L2H_sig 信号。在 L2H_sig 有效时拉高 cnt_sig，开始产生不连续的外部时钟 dataclk，在每个 dataclk 的当前下降沿和下一个上升沿之间产生一个高电平脉冲 readen。计算 dataclk 的个数为 17，即计数结果 cnt = 16 时拉低 cnt_sig，停止产生 dataclk。当 read 信号为高、busy_n 信号为低时，若 readen 信号为高，将串行数据 data 依次送入移位寄存器，若 cnt = 16，将寄存器结果送出并产生一个高电平脉冲完成信号。

顶层模块的 Verilog HDL 程序代码如下：

```
`timescale 1ns/1ns
module adc_top
(
    //output port
    dataclk, read, data_out, valid, done_sig, ADC_doutclk,
    //input port
    clk, rst_n, busy_n, data
);
////////////////////////////////////////////////////////////////////////
// OUTPUT AND INPUT DECLARATION
```

```
/////////////////////////////////////////////////////////////////////////
output dataclk;
output read;
output [15:0] data_out;
output valid;
output done_sig;
output ADC_doutclk;

input clk;
input rst_n;
input busy_n;
input data;
/////////////////////////////////////////////////////////////////////////
// WIRE AND REG DECLARATION
/////////////////////////////////////////////////////////////////////////
wire readen;
wire cnt_sig;
wire L2H_sig;

    div4 u_div4 (
                .dataclk (dataclk),
                .readen (readen),
                .clk (clk),
                .rst_n (rst_n),
                .cnt_sig (cnt_sig)
    );

    div300 u_div300 (
                    .read (read),
                    .ADC_doutclk(ADC_doutclk),
                    .clk (clk),
                    .rst_n (rst_n)
    );

    L2H_detect u_L2H_detect   (
                              .L2H_sig  (L2H_sig),
                              .clk (clk),
                              .rst_n (rst_n),
                              .detect_in (read)
```

```
    );

    adc_read u_adc_read  (
                          .data_out  (data_out),
                          .L2H_sig  (L2H_sig),
                          .valid(valid),
                          .done_sig (done_sig),
                          .clk(clk),
                          .rst_n(rst_n),
                          .read(read),
                          .busy_n(busy_n),
                          .readen(readen),
                          .cnt_sig (cnt_sig),
                          .data(data
    );
endmodule
```

300 分频模块：产生 200 kHz 的 read 信号。

其 Verilog HDL 程序代码如下：

```
`timescale 1ns/1ns
module div300
(
    //output port
    read, ADC_doutclk,
    //input port
    clk, rst_n
);
/////////////////////////////////////////////////////////////////////////////////
// OUTPUT AND INPUT DECLARATION
/////////////////////////////////////////////////////////////////////////////////
output read;
output ADC_doutclk;
input clk;
input rst_n;
/////////////////////////////////////////////////////////////////////////////////
// WIRE AND REG DECLARATION
/////////////////////////////////////////////////////////////////////////////////
reg [8:0] cnt;
/////////////////////////////////////////////////////////////////////////////////
// SEQUENTIAL LOGIC
```

```
////////////////////////////////////////////////////////////////
always@(posedge clk or negedge rst_n)
    begin
        if(rst_n == 1'h0)
            begin
                cnt<= 9'h0;
            end
        else
            begin
                if(cnt == 9'h12B)
                    begin
                        cnt <= 9'h0;
                    end
                else
                    begin
                        cnt <= cnt + 1'h1;
                    end
            end
    end
    ////////////////////////////////////////////////////////////////
    // COMBINATIONAL LOGIC
    ////////////////////////////////////////////////////////////////
    assign read = (cnt <= 9'h3)? 1'h0 : 1'h1;
    assign ADC_doutclk = (cnt <= 9'h95)? 1'h0 : 1'h1;
endmodule
```

上升沿检测模块：检测到 read 由低变高时产生 L2H_sig 信号。

其 Verilog HDL 程序代码如下：

```
module L2H_detect
(
    //output port
    L2H_sig,
    //input port
    clk, rst_n, detect_in
);
////////////////////////////////////////////////////////////////
// OUTPUT AND INPUT DECLARATION
////////////////////////////////////////////////////////////////
output L2H_sig;
input clk;
```

```
input rst_n;
input detect_in;
//////////////////////////////////////////////////////////
// WIRE AND REG DECLARATION
//////////////////////////////////////////////////////////
reg L2H_F1;
reg L2H_F2;
wire L2H_sig;
//////////////////////////////////////////////////////////
// SEQUENTIAL LOGIC
//////////////////////////////////////////////////////////
always@(posedge clk or negedge rst_n)
      begin
            if (rst_n == 1'h0)
                  begin
                        L2H_F1 <= 1'h1;
                  end
            else
                  begin
                        L2H_F1 <= detect_in;
                  end
            end
always@(posedge clk or negedge rst_n)
      begin
            if (rst_n == 1'h0)
                  begin
                        L2H_F2 <= 1'h1;
                  end
            else
                  begin
                        L2H_F2 <= L2H_F1;
                  end
      end
      //////////////////////////////////////////////////////////
      // COMBINATIONAL LOGIC
      //////////////////////////////////////////////////////////
      assign   L2H_sig = L2H_F1 & (~L2H_F2);
endmodule
```

4 分频模块：cnt_sig 信号有效时产生不连续的外部时钟 dataclk，频率为 15 MHz，故周期大于 66 ns。在每个 dataclk 的当前下降沿和下一个上升沿之间产生的一个高电平脉冲 readen。

其 Verilog HDL 程序代码如下：

```
`timescale 1ns/1ns
module div4
(
        //output port
        dataclk, readen,
        //input port
        clk, rst_n, cnt_sig
);
///////////////////////////////////////////////////////////////////////////
// OUTPUT AND INPUT DECLARATION
///////////////////////////////////////////////////////////////////////////
output dataclk;
output readen;
input clk;
input rst_n;
input cnt_sig;
///////////////////////////////////////////////////////////////////////////
// WIRE AND REG DECLARATION
///////////////////////////////////////////////////////////////////////////
reg   readen;
reg   [1:0]  cnt;
///////////////////////////////////////////////////////////////////////////
// SEQUENTIAL LOGIC
///////////////////////////////////////////////////////////////////////////
always@(posedge clk or negedge rst_n)
        begin
                if(rst_n == 1'h0)
                        begin
                                cnt <= 2'h0;
                        end
                else if(cnt_sig == 1'h1)
                        begin
                                cnt <= cnt + 1'h1;
                        end
                else
                begin
                        cnt <= 2'h0;
```

```
            end
    end
    always@(posedge clk or negedge rst_n)
        begin
            if(rst_n == 1'h0)
                begin
                    readen <= 1'h0;
                end
            else if(cnt_sig == 1'h1)
                begin
                    readen <= cnt[1] & cnt [0];
                end
            else
                begin
                    readen <= 1'h0;
                end
        end
        ////////////////////////////////////////////////////////////////////////
        // COMBINATIONAL LOGIC
        ////////////////////////////////////////////////////////////////////////
        assign dataclk = cnt[1] ^ cnt[0];
    endmodule
```

读取数据模块：在 L2H_sig 有效时拉高 cnt_sig，计算 dataclk 的个数为 17 即计数结果 cnt=16 时拉低 cnt_sig，停止产生 dataclk。当 read 信号为高、busy_n 信号为低时，若 readen 信号为高，将串行数据 data 依次送入移位寄存器，若 cnt=16，将寄存器结果送出并产生一个高电平脉冲完成信号。

其 Verilog HDL 程序代码如下：

```
    `timescale 1ns/1ns
    module adc_read
    (
        //output port
        data_out, cnt_sig, valid,
        //input port
        clk, rst_n, read, busy_n, readen, L2H_sig, data
    );
    ////////////////////////////////////////////////////////////////////////
    // OUTPUT AND INPUT DECLARATION
    ////////////////////////////////////////////////////////////////////////
    output    [15:0] data_out;
```

```
output cnt_sig;
output valid;
input clk;
input rst_n;
input read;
input busy_n;
input readen;
input L2H_sig;
input data;
////////////////////////////////////////////////////////////////////////
// WIRE AND REG DECLARATION
////////////////////////////////////////////////////////////////////////
reg [15:0] data_out;
reg cnt_sig;
reg valid;
reg [15:0] data_out_reg;
reg [4:0] cnt1;
reg [4:0] cnt2;
////////////////////////////////////////////////////////////////////////
// SEQUENTIAL LOGIC
////////////////////////////////////////////////////////////////////////
//串行数据移进并行数据寄存器
always@(posedge clk or negedge rst_n)
     begin
          if(rst_n == 1'h0)
               begin
                    data_out_reg <= 16'h0;
               end
          else if (read == 1'h1 && busy_n == 1'h0)
               begin
                    if (readen == 1'h1)
                         begin
                              data_out_reg <= {data_out_reg[14:0],data};
                         end
               end
     end
//将最后得到的并行数据送出
always@(posedge clk or negedge rst_n)
     begin
          if(rst_n == 1'h0)
```

```
                begin
                    data_out <= 16'h0;
                end
            else if(cnt1 == 5'h10 && read == 1'h1 && busy_n == 1'h0)
                begin
                    data_out <= data_out_reg;
                end
        end
//计数不连续时钟 dataclk 个数
always@(posedge clk or negedge rst_n)
        begin
            if(rst_n == 1'h0)
                begin
                    cnt1 <= 1'h0;
                end
            else if (readen == 1'h1)
                begin
                    cnt1 <= cnt1 + 1'h1;
                end
            else if(cnt1 == 5'h10)
                begin
                    cnt1 <= 5'h0;
                end
        end
//L2H_sig 有效时拉高 cnt_sig，开始产生 dclk，17 个 dataclk 即 cnt1 计数到 16 时拉低 cnt_sig，
//不再产生 dataclk
always@(posedge clk or negedge rst_n)
        begin
            if(rst_n == 1'h0)
                begin
                    cnt_sig <= 1'h0;
                end
            else if(L2H_sig == 1'h1)
                begin
                    cnt_sig <= 1'h1;
                end
            else if(cnt1 == 5'h10)
                begin
                    cnt_sig <= 1'h0;
                end
```

```
        end
//数据有效时(cnt1 计数到 16)产生 valid 信号，高电平宽度为 1 个时钟周期
always@(posedge clk or negedge rst_n)
        begin
                if(rst_n == 1'h0)
                        begin
                                valid <= 1'h0;
                        end
                else if(cnt1 == 5'h10 && read == 1'h1 && busy_n == 1'h0)
                        begin
                                valid <= 1'h1;
                        end
                else
                        begin
                                valid <= 1'h0;
                        end
                end
endmodule
```

*6.4 FPGA 最大功耗测试

例 6.4-1 用连接和复制运算符测试 FPGA 最大功耗。

具体的 Verilog HDL 程序代码如下：

```
module fpga_power(dout, clk, rst_n);
        output dout;
        input clk, rst_n;
        reg [10239:0] data;
        always@(posedge clk or negedge rst_n)
          begin
                if(rst_n==1'h0)
                        begin
                                data<={40{256'h5555_5555_5555_5555
                                        _5555_5555_5555_5555
                                        _5555_5555_5555_5555
                                        _5555_5555_5555_5555}};
                        end
                else
                        begin
                                data <= {data[10238:0], data[10239]};
```

```
            end
        end
        assign dout = data[10239];
    endmodule
```

例 6.4-1 通过使用复制拼接符对 FPGA 共 10240 个寄存器(4'b0101=1'h5)赋初值，并在最高时钟频率下持续进行移位操作即可调动 FPGA 所有资源进行工作，这种情况下测得的功耗即 FPGA 工作的最大功耗。

教材思考题和习题解答

1. 集成电路设计中大量采用自下而上(Bottom-Up)的设计方法和自上而下(Top-Down)的设计方法。Bottom-Up 设计方法可以准确简单地确定底层功能单元的设计，但是对系统性能把握不足；Top-Down 设计方法主要的仿真和调试过程是在高层次完成的，设计效率高。

2. 层次化描述方法的基本思想就是将系统按照层级划分为实现具体功能的简单模块，可以有自上而下、自下而上以及二者混合的层次化设计方法。这使得大规模的复杂数字电路的设计成为可能，避免了重复设计，提高了设计效率。

3. 通过在复杂的组合电路部分穿插寄存器，形成流水线，可以减小路径延时，提高电路工作效率。需要注意的是增加流水线后，电路输入和输出的群延时是增加的，但是当送入的数据不断送进流水线时，处理的整体时间是缩短的。

4. 4 分频器的 Verilog HDL 程序代码如下：

```
module div4(clk, rst_n, div);
    input clk;
    input rst_n;
    output div;
    wire div;
    parameter n=2;
    reg[n-1:0] cnt;
    always@(posedge clk or negedge rst_n)
        begin
            if(!rst_n) cnt <= 2'b0;
            else cnt <= cnt+1'b1;
        end
    assign div=cnt[n-1];
endmodule
```

5 分频器的 Verilog HDL 程序代码如下：

```
module div5(clk, rst_n, div);
    input clk;
    input rst_n;
    output div;
```

```
    reg [2:0] cnt;
    always@(posedge clk or negedge rst_n)
        begin
            if(!rst_n) cnt <= 3'b0;
            else if(cnt==3'b100) cnt <= 3'b0;
            else cnt <= cnt+1'b1;
        end
    assign div=(cnt <= 3'b010)?1'b1:1'b0;
endmodule
```

8 分频器的 Verilog HDL 程序代码如下：

```
module div8(clk, rst_n, div);
    input clk;
    input rst_n;
    output div;
    wire div;
    parameter n=3;
    reg [n-1:0] cnt;
    always@(posedge clk or negedge rst_n)
        begin
            if(!rst_n) cnt <= 3'b0;
            else cnt <= cnt+1'b1;
        end
    assign div=cnt[n-1];
endmodule
```

5. 参考例 6.1-1 的 4 维向量点积乘法器。

6. 参考 6.2.2 节的 4 位 Wallace 树乘法器，注意先按照 Wallace 树乘法器原理对 5 位乘法进行树形化简，再用全加器和半加器进行结构描述。

7. 题 7 图为 Moore 型 1010 序列检测器状态转移图。

其 Verilog HDL 程序代码如下：

```
module seqdet_1010(clk, rst_n, din, dout);
    input clk;
    input rst_n;
    input din;
    output dout;
    reg dout;
    reg [2:0] next_state;
    reg [2:0] current_state;
    parameter S0=3'b000;
    parameter S1=3'b001;
    parameter S2=3'b010;
```

```
    parameter S3=3'b011;
    parameter S4=3'b100;
    always@(posedge clk or negedge rst_n)
        begin
            if(!rst_n) current_state <= 3'b0;
            else current_state <= next_state;
        end
    always@(din or current_state)
        begin
            case(current_state)
                S0: next_state=(din==1'b1)?S1:S0;
                S1: next_state=(din==1'b0)?S2:S1;
                S2: next_state=(din==1'b1)?S3:S0;
                S3: next_state=(din==1'b0)?S4:S1;
                S4: next_state=(din==1'b1)?S3:S0;
                default: next_state=S0;
            endcase
        end
    always@(current_state)
        begin
            case(current_state)
                S0: dout=1'b0;
                S1: dout=1'b0;
                S2: dout=1'b0;
                S3: dout=1'b0;
                S4: dout=1'b1;
                default: dout=1'b0;
            endcase
        end
endmodule
```

其测试程序代码如下：

```
`timescale 1ns/1ns
module tb;
    reg     clk;
    reg     rst_n;
    reg     din;
    wire    dout;
    seqdet_1010     u_seqdet_1010 (.clk(clk),.rst_n(rst_n),.din (din),.dout (dout));
    initial
        begin
```

```
                clk=1'b0;
                rst_n=1'b1;
                #50 rst_n=1'b0;
                #50 rst_n=1'b1;
            end
        always #10 clk = ~clk;
        always @(posedge clk)
            din <= #7 {$random}%2;
endmodule
```

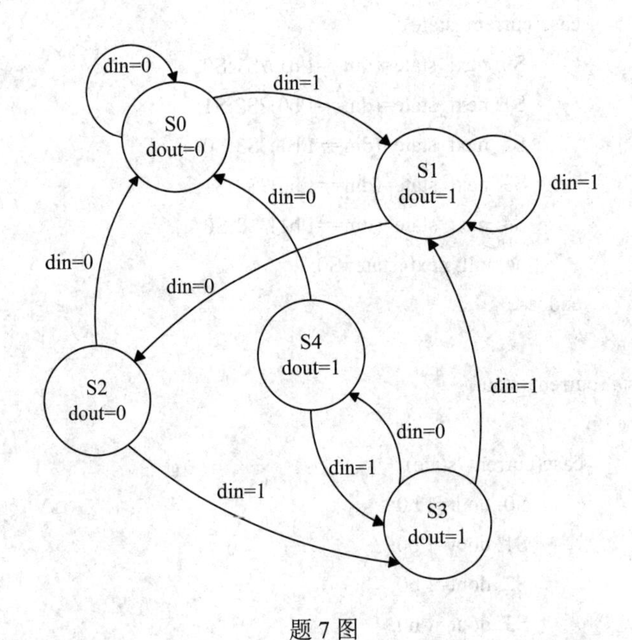

题 7 图

8. 查找表乘法器是将乘积直接放在存储器中，将操作数作为地址访问存储器，得到的输出结果就是乘法的运算结果。这种乘法器的运算速度就等于所使用的存储器的速度，一般用于较小规模的乘法器。

例如，实现一个 2 位乘 2 位的乘法器，其查找表如题 8 表所示。

题 8 表　2×2 位乘法器的查找表

	00	01	10	11
00	0000	0000	0000	0000
01	0000	0001	0010	0011
10	0000	0010	0100	0110
11	0000	0011	0110	1001

但是当乘法器的位数提高时，例如要实现 8 位乘 8 位的查找表乘法器，就需要 $2^{8+8}\times16$ 个存储单元，显然这需要一个很大的存储器。那么如何能兼顾速度和资源呢？可以考虑采用部分积技术，即分别计算每一位或者每两位相乘的结果，再将结果进行移位相加，就得

到了最终的结果。这种方法可以大幅度地降低查找表的规模。

用查找表思想设计一个 4 比特乘法器的 Verilog HDL 程序代码如下：

```
module lookup_mult(out, a, b, clk);
    output [7:0] out;
    input [3:0] a, b;
    input clk;
    reg [7:0] out;
    reg [1:0] firsta, firstb, seconda, secondb;
    wire [3:0] outa, outb, outc, outd;
    always@(posedge clk)
        begin
            firsta <= a[3:2];
            seconda <= a[1:0];
            firstb <= b[3:2];
            secondb <= b[1:0];
        end
    lookup m1(.out(outa),.a(firsta),.b(firstb),.clk(clk));
    lookup m2(.out(outb),.a(firsta),.b(secondb),.clk(clk));
    lookup m3(.out(outc),.a(seconda),.b(firstb),.clk(clk));
    lookup m4(.out(outd),.a(seconda),.b(secondb),.clk(clk));
    always@(posedge clk)
        begin
            out <= (outa<<4)+(outb<<2)+(outc<<2)+outd;
        end
endmodule
//查找表
module lookup(out, a, b, clk);
    output [3:0] out;
    input [1:0] a,b;
    input clk;
    reg [3:0] out;
    reg [3:0] address;
    always@(posedge clk)
        begin
            address <= {a, b};
            case(address)
                4'b0000:out <= 4'b0000;
                4'b0001:out <= 4'b0000;
                4'b0010:out <= 4'b0000;
```

```
                4'b0011:out <= 4'b0000;
                4'b0100:out <= 4'b0000;
                4'b0101:out <= 4'b0001;
                4'b0110:out <= 4'b0010;
                4'b0111:out <= 4'b0011;
                4'b1000:out <= 4'b0000;
                4'b1001:out <= 4'b0010;
                4'b1010:out <= 4'b0100;
                4'b1011:out <= 4'b0110;
                4'b1100:out <= 4'b0000;
                4'b1101:out <= 4'b0011;
                4'b1110:out <= 4'b0110;
                4'b1111:out <= 4'b1001;
                default:out <= 4'bx;
            endcase
        end
endmodule
```

9. 动态驱动是将所有数码管的 7 个显示笔划“a，b，c，d，e，f，g”的同名端连在一起，另外为每个数码管的公共极增加位选通控制电路，位选通由各自独立的 I/O 线控制。

4 位 LED 显示器的动态扫描译码电路的各组成模块分别如下。

顶层模块的 Verilog HDL 程序代码如下：

```
module dynamic_decoder(clk, rst_n, in1, in2, in3, in4, ctrl, seg_out);
    input clk;
    input rst_n;
    input [3:0] in1, in2, in3, in4;
    output [3:0] ctrl;
    output [6:0] seg_out;
    wire [2:0] sel;
    wire [3:0]seg_in;
    count5      count5 (.clk(clk),.rst_n(rst_n),.cnt(sel));
    mux4_1      mux4_1 (.sel(sel),.in1(in1),.in2(in2),.in3(in3),.in4(in4),
                        .out(seg_in),.ctrl(ctrl));
    seg_decoder     seg_decoder (.seg_in(seg_in),.seg_out(seg_out));
endmodule
```

计数器模块的 Verilog HDL 程序代码如下：

```
module count5(clk, rst_n, cnt);
    input clk;
    input rst_n;
    output [2:0] cnt;
```

```
    reg [2:0] cnt;
    always@(posedge clk or negedge rst_n)
        begin
            if(!rst_n) cnt <= 3'b0;
            else if(cnt==3'b100) cnt <= 3'b001;
            else cnt=cnt+1'b1;
        end
endmodule
```

数据选择器模块的 Verilog HDL 程序代码如下：

```
module mux4_1(sel, in1, in2, in3, in4, out, ctrl);
    input [2:0] sel;
    input [3:0] in1, in2, in3, in4;
    output [3:0] out;
    output [3:0] ctrl;
    reg [3:0] out;
    reg [3:0] ctrl;
    always@(sel or in1 or in2 or in3 or in4)
        begin
            case(sel)
                3'b001:begin out=in1; ctrl=4'b1110; end
                3'b010:begin out=in2; ctrl=4'b1101; end
                3'b011:begin out=in3; ctrl=4'b1011; end
                3'b100:begin out=in4; ctrl=4'b0111; end
                default:begin out=4'b1111; ctrl=4'b1111; end
            endcase
        end
endmodule
```

七段数码管译码模块(共阴极)的 Verilog HDL 程序代码如下：

```
module seg_decoder(seg_in, seg_out);
    input [3:0] seg_in;
    output [6:0] seg_out;
    reg [6:0] seg_out;
    always@(seg_in)
        begin
            case(seg_in)
                4'b0000:seg_out=7'b1111110;
                4'b0001:seg_out=7'b0110000;
                4'b0010:seg_out=7'b1101101;
                4'b0011:seg_out=7'b1111001;
```

```
                    4'b0100:seg_out=7'b0110011;
                    4'b0101:seg_out=7'b1011011;
                    4'b0110:seg_out=7'b1011111;
                    4'b0111:seg_out=7'b1110000;
                    4'b1000:seg_out=7'b1111111;
                    4'b1001:seg_out=7'b1110011;
                    default:seg_out=7'b1000111;      //flase
                endcase
            end
endmodule
```

其测试程序代码如下：

```
`timescale 1ns/1ns
module dynamic_decoder_tb;
    reg clk;
    reg rst_n;
    reg [3:0] in1, in2, in3, in4;
    wire [3:0] ctrl;
    wire[6:0] seg_out;
    dynamic_decoder dynamic_decoder(.clk(clk),.rst_n(rst_n),.in1(in1),.in2(in2),
                                    .in3(in3),.in4(in4),.ctrl(ctrl),.seg_out(seg_out));
    initial
    begin
        clk=1'b0;
        rst_n=1'b1;
        #20 rst_n=1'b0;
        #100 rst_n=1'b1;
        in1=4'b0000;
        in2=4'b0001;
        in3=4'b0010;
        in4=4'b0111;
    end
    always #10000000 clk=~clk;
    always #80000000 in1={$random}%16;
    always #80000000 in2={$random}%16;
    always #80000000 in3={$random}%16;
    always #80000000 in4={$random}%16;
endmodule
```

10. 简易频率计由三个模块组成，分别是控制模块、模十计数器模块以及锁存器模块。其 Verilog HDL 程序代码如下：

```
module freqDetect(clk_1Hz, fin, rst, d0, d1, d2, d3, d4, d5, d6, d7);
    input clk_1Hz, fin, rst;
    output [3:0] d0, d1, d2, d3, d4, d5, d6, d7;
    wire [3:0] q0, q1, q2, q3, q4, q5, q6, q7;
    wire count_en,latch_en,clear;
    //控制模块
    control control(.clk_1Hz(clk_1Hz), .rst(rst), .count_en(count_en),
                    .latch_en(latch_en), .clear(clear));
    //计数器模块
    counter_10 counter0(.en_in(count_en), .clear(clear),
                        .rst(rst), .fin(fin), .en_out(en_out0), .q(q0));
    counter_10 counter1(.en_in(en_out0), .clear(clear),
                        .rst(rst), .fin(fin), .en_out(en_out1), .q(q1));
    counter_10 counter2(.en_in(en_out1), .clear(clear),
                        .rst(rst), .fin(fin), .en_out(en_out2), .q(q2));
    counter_10 counter3(.en_in(en_out2), .clear(clear),
                        .rst(rst), .fin(fin), .en_out(en_out3), .q(q3));
    counter_10 counter4(.en_in(en_out3), .clear(clear),
                        .rst(rst), .fin(fin), .en_out(en_out4), .q(q4));
    counter_10 counter5(.en_in(en_out4), .clear(clear),
                        .rst(rst), .fin(fin), .en_out(en_out5), .q(q5));
    counter_10 counter6(.en_in(en_out5), .clear(clear),
                        .rst(rst), .fin(fin), .en_out(en_out6), .q(q6));
    counter_10 counter7(.en_in(en_out6), .clear(clear),
                        .rst(rst), .fin(fin), .en_out(en_out7), .q(q7));
    //锁存器模块
    latch u1(.clk_1Hz(clk_1Hz), .rst(rst), .latch_en(latch_en),
          .q0(q0), .q1(q1), .q2(q2), .q3(q3), .q4(q4), .q5(q5), .q6(q6), .q7(q7),
          .d0(d0), .d1(d1), .d2(d2), .d3(d3), .d4(d4), .d5(d5), .d6(d6), .d7(d7));
endmodule
```

控制模块产生计数使能信号、锁存使能信号和计数器清零信号。

控制模块的 Verilog HDL 程序代码如下：

```
module control(clk_1Hz, rst, count_en, latch_en, clear);
    input clk_1Hz, rst;
    output count_en, latch_en, clear;
    reg count_en, latch_en, clear;
    reg [1:0] state;
    always@(posedge clk_1Hz or negedge rst)
        if(!rst)
```

```
            begin
                state <= 2'd0; count_en <= 1'b0;
                latch_en <= 1'b0; clear <= 1'b0;
            end
        else
            begin
                case(state)
                2'd0:
                    begin
                        count_en <= 1'b1; latch_en <= 1'b0;
                        clear <= 1'b0; state <= 2'd1;
                    end
                2'd1:
                    begin
                        count_en <= 1'b0; latch_en <= 1'b1;
                        clear <= 1'b0; state <= 2'd2;
                    end
                2'd2:
                    begin
                        count_en <= 1'b0; latch_en <= 1'b0;
                        clear <= 1'b1; state <= 2'd0;
                    end
                default:
                    begin
                        count_en <= 1'b0; latch_en <= 1'b0;
                        clear <= 1'b0; state <= 2'd0;
                    end
                endcase
            end
endmodule
```

模 10 计数器在计数使能时开始计数，当计数器到达 4'b1001 时，输出下一模式计数器的使能信号并且计数器清零。

```
module counter_10(en_in, rst, clear, fin, en_out, q);
    input en_in, rst, fin, clear;
    output en_out;
    output[3:0] q;
    reg en_out;
    reg [3:0] q;
    always@(posedge fin or negedge rst)
```

```
    if(!rst)
        begin
            en_out <= 1'b0; q <= 4'b0;
        end
    else if(en_in)
            begin
                if(q == 4'b1001)
                    begin
                        q <= 4'b0; en_out <= 1'b1;
                    end
                else
                    begin
                        q <= q + 1'b1; en_out <= 1'b0;
                    end
            end
    else if(clear)
        begin
            q <= 4'b0; en_out <= 1'b0;
        end
    else
        begin
            q <= q; en_out <= 1'b0;
        end
endmodule
```

锁存器当锁存使能时，将 8 个模十计数器的输出值锁存并且输出。

```
module latch(clk_1Hz, latch_en, rst, q0, q1, q2, q3, q4, q5, q6, q7,
            d0, d1, d2, d3, d4, d5, d6, d7);
    input rst, clk_1Hz, latch_en;
    input [3:0] q0, q1, q2, q3, q4, q5, q6, q7;
    output [3:0] d0, d1, d2, d3, d4, d5, d6, d7;
    reg [3:0] d0, d1, d2, d3, d4, d5, d6, d7;
    always@(posedge clk_1Hz or negedge rst)
        if(!rst)
            begin
                d0 <= 4'b0; d1 <= 4'b0; d2 <= 4'b0; d3 <= 4'b0;
                d4 <= 4'b0; d5 <= 4'b0; d6 <= 4'b0; d7 <= 4'b0;
            end
        else if(latch_en)
            begin
```

```
            d0 <= q0; d1 <= q1; d2 <= q2; d3 <= q3;
            d4 <= q4; d5 <= q5; d6 <= q6; d7 <= q7;
        end
    else
        begin
            d0 <= d0; d1 <= d1; d2 <= d2; d3 <= d3;
            d4 <= d4; d5 <= d5; d6 <= d6; d7 <= d7;
        end
endmodule
```

11. 用组合电路与查找表两种方法设计 4 bit 的除法器。

(1) 组合电路法。

移位比较除法器要进行位数扩展，扩展为 2n(n 为除数位数)；除数不断向左移位，每移一位与被除数进行比较，小于被除数，商位为 1，并将被除数减去除数，否则商为 0。

其 Verilog HDL 程序代码如下：

```
module divider(a,b,rem,y,error);
    input [3:0] a,b;
    output rem,y,error;
    reg [3:0] rem,y;
    reg error;
    reg [7:0] mil1,mil2;
    always@(a or b)
        begin
            if(b==4'b0)
                error=1;
            else
                begin
                    error=0; mil1={4'b0,a}; mil2={4'b0,b};
                end
            if(mil1>=mil2*8)
                begin
                    rem[3]=1; mil1=mil1-mil2*8 ;
                end
            else
                rem[3]=0;
            if(mil1>=mil2*4)
                begin
                    rem[2]=1; mil1=mil1-mil2*4;
                end
            else
```

```
                rem[2]=0;
            if(mil1>=mil2*2)
                begin
                    rem[1]=1; mil1=mil1-mil2*2;
                end
            else
                rem[1]=0;
            if(mil1>=mil2)
                begin
                    rem[0]=1; mil1=mil1-mil2;
                end
            else
                rem[0]=0;
        end
endmodule
```

(2) 查找表法。

在题 11 表中，假定 a[3:0]为被除数，b[3:0]为除数(不能为 4'b0000)，out[3:0]为商。

题 11 表 4bit 除法器查找表

a \ b	0001	0010	0011	0100	0101	0110	0111	1000	1001	1010	1011	1100	1101	1110	1111
0000	0000	0000	0000	0000	0000	0000	0000	0000	0000	0000	0000	0000	0000	0000	0000
0001	0001	0000	0000	0000	0000	0000	0000	0000	0000	0000	0000	0000	0000	0000	0000
0010	0010	0001	0000	0000	0000	0000	0000	0000	0000	0000	0000	0000	0000	0000	0000
0011	0011	0001	0001	0000	0000	0000	0000	0000	0000	0000	0000	0000	0000	0000	0000
0100	0100	0010	0001	0001	0000	0000	0000	0000	0000	0000	0000	0000	0000	0000	0000
0101	0101	0010	0001	0001	0001	0000	0000	0000	0000	0000	0000	0000	0000	0000	0000
0110	0110	0011	0010	0001	0001	0001	0000	0000	0000	0000	0000	0000	0000	0000	0000
0111	0111	0011	0010	0001	0001	0001	0001	0000	0000	0000	0000	0000	0000	0000	0000
1000	1000	0100	0010	0010	0001	0001	0001	0001	0000	0000	0000	0000	0000	0000	0000
1001	1001	0100	0011	0010	0001	0001	0001	0001	0001	0000	0000	0000	0000	0000	0000
1010	1010	0101	0011	0010	0010	0001	0001	0001	0001	0001	0000	0000	0000	0000	0000
1011	1011	0101	0011	0010	0010	0001	0001	0001	0001	0001	0001	0000	0000	0000	0000
1100	1100	0110	0100	0011	0010	0010	0001	0001	0001	0001	0001	0001	0000	0000	0000
1101	1101	0110	0100	0011	0010	0010	0001	0001	0001	0001	0001	0001	0001	0000	0000
1110	1110	0111	0100	0011	0010	0010	0010	0001	0001	0001	0001	0001	0001	0001	0000
1111	1111	0111	0101	0011	0011	0010	0010	0001	0001	0001	0001	0001	0001	0001	0001

使用查找表方法实现除法器的 Verilog HDL 程序代码如下：

```
module lookup(out,a,b,clk);
    output [3:0] out;
```

```
input [3:0] a, b;
input clk;
reg [3:0] out;
reg [7:0] address;
always@(posedge clk)
    begin
        address <= {a,b};
        case(address)
            8'b00000001: out <= 4'b0000;
            8'b00000010: out <= 4'b0000;
            8'b00000011: out <= 4'b0000;
            8'b00000100: out <= 4'b0000;
            8'b00000101: out <= 4'b0000;
            8'b00000110: out <= 4'b0000;
            8'b00000111: out <= 4'b0000;
            8'b00001000: out <= 4'b0000;
            8'b00001001: out <= 4'b0000;
            8'b00001010: out <= 4'b0000;
            8'b00001011: out <= 4'b0000;
            8'b00001100: out <= 4'b0000;
            8'b00001101: out <= 4'b0000;
            8'b00001110: out <= 4'b0000;
            8'b00001111: out <= 4'b0000;

            8'b00010001: out <= 4'b0001;
            8'b00010010: out <= 4'b0000;
            8'b00010011: out <= 4'b0000;
            8'b00010100: out <= 4'b0000;
            8'b00010101: out <= 4'b0000;
            8'b00010110: out <= 4'b0000;
            8'b00010111: out <= 4'b0000;
            8'b00011000: out <= 4'b0000;
            8'b00011001: out <= 4'b0000;
            8'b00011010: out <= 4'b0000;
            8'b00011011: out <= 4'b0000;
            8'b00011100: out <= 4'b0000;
            8'b00011101: out <= 4'b0000;
            8'b00011110: out <= 4'b0000;
            8'b00011111: out <= 4'b0000;
```

```
8'b00100001: out <= 4'b0010;
8'b00100010: out <= 4'b0001;
8'b00100011: out <= 4'b0000;
8'b00100100: out <= 4'b0000;
8'b00100101: out <= 4'b0000;
8'b00100110: out <= 4'b0000;
8'b00100111: out <= 4'b0000;
8'b00101000: out <= 4'b0000;
8'b00101001: out <= 4'b0000;
8'b00101010: out <= 4'b0000;
8'b00101011: out <= 4'b0000;
8'b00101100: out <= 4'b0000;
8'b00101101: out <= 4'b0000;
8'b00101110: out <= 4'b0000;
8'b00101111: out <= 4'b0000;

8'b00110001: out <= 4'b0011;
8'b00110010: out <= 4'b0001;
8'b00110011: out <= 4'b0001;
8'b00110100: out <= 4'b0000;
8'b00110101: out <= 4'b0000;
8'b00110110: out <= 4'b0000;
8'b00110111: out <= 4'b0000;
8'b00111000: out <= 4'b0000;
8'b00111001: out <= 4'b0000;
8'b00111010: out <= 4'b0000;
8'b00111011: out <= 4'b0000;
8'b00111100: out <= 4'b0000;
8'b00111101: out <= 4'b0000;
8'b00111110: out <= 4'b0000;
8'b00111111: out <= 4'b0000;

8'b01000001: out <= 4'b0100;
8'b01000010: out <= 4'b0010;
8'b01000011: out <= 4'b0001;
8'b01000100: out <= 4'b0001;
8'b01000101: out <= 4'b0000;
8'b01000110: out <= 4'b0000;
```

```
8'b01000111: out <= 4'b0000;
8'b01001000: out <= 4'b0000;
8'b01001001: out <= 4'b0000;
8'b01001010: out <= 4'b0000;
8'b01001011: out <= 4'b0000;
8'b01001100: out <= 4'b0000;
8'b01001101: out <= 4'b0000;
8'b01001110: out <= 4'b0000;
8'b01001111: out <= 4'b0000;

8'b01010001: out <= 4'b0101;
8'b01010010: out <= 4'b0010;
8'b01010011: out <= 4'b0001;
8'b01010100: out <= 4'b0001;
8'b01010101: out <= 4'b0001;
8'b01010110: out <= 4'b0000;
8'b01010111: out <= 4'b0000;
8'b01011000: out <= 4'b0000;
8'b01011001: out <= 4'b0000;
8'b01011010: out <= 4'b0000;
8'b01011011: out <= 4'b0000;
8'b01011100: out <= 4'b0000;
8'b01011101: out <= 4'b0000;
8'b01011110: out <= 4'b0000;
8'b01011111: out <= 4'b0000;

8'b01100001: out <= 4'b0110;
8'b01100010: out <= 4'b0011;
8'b01100011: out <= 4'b0010;
8'b01100100: out <= 4'b0001;
8'b01100101: out <= 4'b0001;
8'b01100110: out <= 4'b0001;
8'b01100111: out <= 4'b0000;
8'b01101000: out <= 4'b0000;
8'b01101001: out <= 4'b0000;
8'b01101010: out <= 4'b0000;
8'b01101011: out <= 4'b0000;
8'b01101100: out <= 4'b0000;
8'b01101101: out <= 4'b0000;
```

```
8'b01101110: out <= 4'b0000;
8'b01101111: out <= 4'b0000;

8'b01110001: out <= 4'b0111;
8'b01110010: out <= 4'b0011;
8'b01110011: out <= 4'b0010;
8'b01110100: out <= 4'b0001;
8'b01110101: out <= 4'b0001;
8'b01110110: out <= 4'b0001;
8'b01110111: out <= 4'b0001;
8'b01111000: out <= 4'b0000;
8'b01111001: out <= 4'b0000;
8'b01111010: out <= 4'b0000;
8'b01111011: out <= 4'b0000;
8'b01111100: out <= 4'b0000;
8'b01111101: out <= 4'b0000;
8'b01111110: out <= 4'b0000;
8'b01111111: out <= 4'b0000;

8'b10000001: out <= 4'b1000;
8'b10000010: out <= 4'b0100;
8'b10000011: out <= 4'b0010;
8'b10000100: out <= 4'b0010;
8'b10000101: out <= 4'b0001;
8'b10000110: out <= 4'b0001;
8'b10000111: out <= 4'b0001;
8'b10001000: out <= 4'b0001;
8'b10001001: out <= 4'b0000;
8'b10001010: out <= 4'b0000;
8'b10001011: out <= 4'b0000;
8'b10001100: out <= 4'b0000;
8'b10001101: out <= 4'b0000;
8'b10001110: out <= 4'b0000;
8'b10001111: out <= 4'b0000;

8'b10010001: out <= 4'b1001;
8'b10010010: out <= 4'b0100;
8'b10010011: out <= 4'b0011;
8'b10010100: out <= 4'b0010;
```

```
8'b10010101: out <= 4'b0001;
8'b10010110: out <= 4'b0001;
8'b10010111: out <= 4'b0001;
8'b10011000: out <= 4'b0001;
8'b10011001: out <= 4'b0001;
8'b10011010: out <= 4'b0000;
8'b10011011: out <= 4'b0000;
8'b10011100: out <= 4'b0000;
8'b10011101: out <= 4'b0000;
8'b10011110: out <= 4'b0000;
8'b10011111: out <= 4'b0000;

8'b10100001: out <= 4'b1010;
8'b10100010: out <= 4'b0101;
8'b10100011: out <= 4'b0011;
8'b10100100: out <= 4'b0010;
8'b10100101: out <= 4'b0010;
8'b10100110: out <= 4'b0001;
8'b10100111: out <= 4'b0001;
8'b10101000: out <= 4'b0001;
8'b10101001: out <= 4'b0001;
8'b10101010: out <= 4'b0001;
8'b10101011: out <= 4'b0000;
8'b10101100: out <= 4'b0000;
8'b10101101: out <= 4'b0000;
8'b10101110: out <= 4'b0000;
8'b10101111: out <= 4'b0000;

8'b10110001: out <= 4'b1011;
8'b10110010: out <= 4'b0101;
8'b10110011: out <= 4'b0011;
8'b10110100: out <= 4'b0010;
8'b10110101: out <= 4'b0010;
8'b10110110: out <= 4'b0001;
8'b10110111: out <= 4'b0001;
8'b10111000: out <= 4'b0001;
8'b10111001: out <= 4'b0001;
8'b10111010: out <= 4'b0001;
8'b10111011: out <= 4'b0001;
```

```
8'b10111100: out <= 4'b0000;
8'b10111101: out <= 4'b0000;
8'b10111110: out <= 4'b0000;
8'b10111111: out <= 4'b0000;

8'b11000001: out <= 4'b1100;
8'b11000010: out <= 4'b0110;
8'b11000011: out <= 4'b0100;
8'b11000100: out <= 4'b0011;
8'b11000101: out <= 4'b0010;
8'b11000110: out <= 4'b0010;
8'b11000111: out <= 4'b0001;
8'b11001000: out <= 4'b0001;
8'b11001001: out <= 4'b0001;
8'b11001010: out <= 4'b0001;
8'b11001011: out <= 4'b0001;
8'b11001100: out <= 4'b0001;
8'b11001101: out <= 4'b0000;
8'b11001110: out <= 4'b0000;
8'b11001111: out <= 4'b0000;

8'b11010001: out <= 4'b1101;
8'b11010010: out <= 4'b0110;
8'b11010011: out <= 4'b0100;
8'b11010100: out <= 4'b0011;
8'b11010101: out <= 4'b0010;
8'b11010110: out <= 4'b0010;
8'b11010111: out <= 4'b0001;
8'b11011000: out <= 4'b0001;
8'b11011001: out <= 4'b0001;
8'b11011010: out <= 4'b0001;
8'b11011011: out <= 4'b0001;
8'b11011100: out <= 4'b0001;
8'b11011101: out <= 4'b0001;
8'b11011110: out <= 4'b0000;
8'b11011111: out <= 4'b0000;

8'b11100001: out <= 4'b1110;
8'b11100010: out <= 4'b0111;
```

```
                8'b11100011: out <= 4'b0100;
                8'b11100100: out <= 4'b0011;
                8'b11100101: out <= 4'b0010;
                8'b11100110: out <= 4'b0010;
                8'b11100111: out <= 4'b0010;
                8'b11101000: out <= 4'b0001;
                8'b11101001: out <= 4'b0001;
                8'b11101010: out <= 4'b0001;
                8'b11101011: out <= 4'b0001;
                8'b11101100: out <= 4'b0001;
                8'b11101101: out <= 4'b0001;
                8'b11101110: out <= 4'b0001;
                8'b11101111: out <= 4'b0000;

                8'b11110001: out <= 4'b1111;
                8'b11110010: out <= 4'b0111;
                8'b11110011: out <= 4'b0101;
                8'b11110100: out <= 4'b0011;
                8'b11110101: out <= 4'b0011;
                8'b11110110: out <= 4'b0010;
                8'b11110111: out <= 4'b0010;
                8'b11111000: out <= 4'b0001;
                8'b11111001: out <= 4'b0001;
                8'b11111010: out <= 4'b0001;
                8'b11111011: out <= 4'b0001;
                8'b11111100: out <= 4'b0001;
                8'b11111101: out <= 4'b0001;
                8'b11111110: out <= 4'b0001;
                8'b11111111: out <= 4'b0001;

                default: out <= 4'bx;
            endcase
        end
endmodule
```

12. 根据曼彻斯特码的码型特点，设计曼彻斯特编码器的方法如下：如果输入数据为“1”，则转换为“10”；如果输入数据为“0”，则转换为“01”，然后把它们串行输出。由于曼彻斯特码在码型上实际是把原来的一个码元转换成两个码元，因此每输出两个码元才进行一次数据码元的采样，用标志信号 flag 来指示。

其 Verilog HDL 程序代码如下：

```
module mcode(clk, databin, datamout);
    input clk;              //时钟信号
    input databin;          //数据输入
    output datamout;        //曼彻斯特编码输出
    reg datamout;
    reg flag=1'b0;              //标志信号
    reg [1:0] com;
    always @(posedge clk)
        begin
            if(flag == 1'b0)
                begin
                    if(databin == 1'b0)     //当数据为“0”时，转换为“01”
                        begin
                            com <= 2'b01;
                        end
                    else                    //当数据为“1”时，转换为“10”
                        begin
                            com <= 2'b10;
                        end
                end
        end
    always @(posedge clk)     //曼彻斯特编码输出进程
        begin
            if(flag == 1'b1)
                begin
                    datamout <= com[1];
                    flag <= ~flag;
                end
            else
                begin
                    datamout <= com[0];
                    flag <= ~flag;
                end
        end
endmodule
```

曼彻斯特译码器的关键是从曼彻斯特编码的数据流中准确提取“01”和“10”，并把它转换为“0”与“1”。把“00”与“11”作为曼彻斯特编码/译码的标志位，即如果检测到“00”或“11”，则从后一个“1”或“0”开始每两个码元为一组进行曼彻斯特译码，还原出基带信号。

其 Verilog HDL 程序代码如下：

```
module mdecode(clk, datamin, databout);
    input clk;              //时钟输入
    input datamin;          //曼彻斯特编码输入
    output databout;        //曼彻斯特译码输出
    reg databout;
    reg [1:0] com;
    reg flag;
    reg syn;
    always@(posedge clk)
        begin
            com <= {com[0], datamin};
        end
    always @(posedge clk)
        begin
            if((com == 2'b11) || (com == 2'b00))     //检测“11”和“00”
                begin
                    flag <= 2'b11;
                    syn <= 1'b1;
                end
            else
                begin
                    syn <= 1'b0;
                end
        end
    always@(posedge clk)            //曼彻斯特译码输出进程
        begin
            if((syn == 1'b1) || (flag == 2'b11))
                begin
                    case(com)
                        2'b01:  databout <= 1'b0;
                        2'b10:  databout <= 1'b1;
                        default:  databout <= databout;
                    endcase
                end
        end
endmodule
```

13. SPI 发射机的 Verilog HDL 程序代码如下：

```
module spi_master(
        clk,         // global clock
        reset_n,     // global async low reset
        clk_div,     // spi clock divider
        wr,          // spi write
        wrdata,      // spi write data, 8bit
        rddata,      // spi read data, 8bit, valid when ready assert
        sclk,        // spi master clock out
        sdi,         // spi master data in (MISO)
        sdo,         // spi master data out (MOSI)
        ready        // spi master ready (idle)
            );
        input   clk;
        input   reset_n;
        input   [7:0] clk_div;
        input   wr;
        input   [7:0] wrdata;
        output  [7:0] rddata;
        output  sclk;
        output  sdo;
        output  ready;
        input   sdi;
        parameter clock_polarity = 1;   // '0': sclk=0 when idle; '1': sclk=1 when idle
        reg   [7:0] dat;
        reg   rsck;
        reg   [7:0] cnt;
        reg   busy;
        reg   [3:0] state;
        reg   [7:0] rddata;
        wire  sdo = dat[7];
        wire  sclk = busy? rsck:clock_polarity;
        wire  sdi_tick = (cnt==clk_div>>1);
        wire  sdo_tick = (cnt==clk_div);
        wire  ready = !(wr||busy);
        always @(posedge clk or negedge reset_n)
            if(!reset_n)
                cnt <= 0;
            else if(cnt<clk_div && busy)
                cnt <= cnt + 1;
```

```
            else
                cnt <= 1;
        always @(posedge clk or negedge reset_n)
            if(!reset_n)
                rsck <= 0;
            else if(sdi_tick)
                rsck <= 1;
            else if(sdo_tick)
                rsck <= 0;
        always @(posedge clk or negedge reset_n)
            if(!reset_n)
                busy <= 0;
            else if(wr && !busy)
                busy <= 1;
            else if(state==8 && sdo_tick)
                busy <= 0;
        always@(posedge clk or negedge reset_n)
            if(!reset_n)
                state <= 0;
            else if(wr && !busy)
                state <= 1;
            else if(state==8 && sdo_tick)
                state <= 0;
            else if(sdo_tick)
                state <= state + 1;
        always @(posedge clk or negedge reset_n)
            if(!reset_n)
                dat <= 0;
            else if(wr && !busy)
                dat <= wrdata;
            else if(sdo_tick && busy && state!=8)
                dat <= dat<<1;
        always @(posedge clk or negedge reset_n)
            if(!reset_n)
                rddata <= 0;
            else if(sdi_tick && busy)
                rddata <= {rddata[6:0],sdi};
    endmodule
```

14. I^2C 接口控制电路的 Verilog HDL 程序代码如下：

```
module i2c_control_top(
        reset_i,                    // global reset
        // I2C bus
        i2c_scl_i,                  // I2C master clock
        i2c_sda,
        // the external data signals
        in_reg0,
        in_reg1,
        out_reg0,
        out_reg1,
        out_reg2,
        out_reg3,
        out_reg4,
        out_reg5
        );
        input  reset_i;
        input  i2c_scl_i;
        inout i2c_sda;
        input [7:0] in_reg0;
        input [7:0] in_reg1;
        output [7:0] out_reg0;
        output [7:0] out_reg1;
        output [7:0] out_reg2;
        output [7:0] out_reg3;
        output [7:0] out_reg4;
        output [7:0] out_reg5;
        wire [7:0] reg_data_i;
        wire [7:0] reg_data_o;
        wire [2:0] reg_add;
        wire [7:0] reg_data_in0;
        wire [7:0] reg_data_in1;
        wire reg_wr;
        // miscellaneous parameters
        parameter reg_sel0  = 3'h0;
        parameter reg_sel1  = 3'h1;
        parameter reg_sel2  = 3'h2;
        parameter reg_sel3  = 3'h3;
        parameter reg_sel4  = 3'h4;
        parameter reg_sel5  = 3'h5;
```

```
parameter reg_sel6 = 3'h6;
parameter reg_sel7 = 3'h7;
wire mux_sel;
wire i2c_sda_i;
wire i2c_sda_o;
wire sda_oe;
//signal assignment
//assign mux_sel = (reg_add == reg_sel1) ? 1 : 0;
assign reg_data_i = (reg_add == reg_sel1) ? reg_data_in1 : reg_data_in0;
assign i2c_sda = sda_oe ? i2c_sda_o : 1'bZ;
assign i2c_sda_i = i2c_sda;
// instantiate I2C controller
i2c_control I2C (.reset_i(reset_i),
          .i2c_scl_i(i2c_scl_i),
          .i2c_sda_i(i2c_sda_i),
          .i2c_sda_o(i2c_sda_o),
          .i2c_sda_oe(sda_oe),
          .reg_add_o(reg_add),
          .reg_data_i(reg_data_i),
          .reg_data_o(reg_data_o),
          .reg_wr_o(reg_wr)
          );
// instantiate registers
IO_reg   IU1(.reset_i(reset_i),
          .clk(i2c_scl_i),
          .reg_add_i(reg_add),
          .reg_data_i(8'h00),
          .reg_data_o(reg_data_in0),
          .reg_data_pin(in_reg0),
          .reg_add_match(reg_sel0),
          .reg_wr_i(reg_wr),
          .reg_dir_out_n(1'b1),          // only inputs
          .reg_dir_in(1'b1)
          );
IO_reg   IU2(.reset_i(reset_i),
          .clk(i2c_scl_i),
          .reg_add_i(reg_add),
          .reg_data_i(8'h00),
          .reg_data_o(reg_data_in1),
```

```
            .reg_data_pin(in_reg1),
            .reg_add_match(reg_sel1),
            .reg_wr_i(reg_wr),
            .reg_dir_out_n(1'b1),          // only inputs
            .reg_dir_in(1'b1)
            );
// outputs
IO_reg  OU1(.reset_i(reset_i),
            .clk(i2c_scl_i),
            .reg_add_i(reg_add),
            .reg_data_i(reg_data_o),
            .reg_data_o( ),
            .reg_data_pin(out_reg0),
            .reg_add_match(reg_sel2),
            .reg_wr_i(reg_wr),
            .reg_dir_out_n(1'b0),          //only outputs
            .reg_dir_in(1'b0)
            );

IO_reg  OU2(.reset_i(reset_i),
            .clk(i2c_scl_i),
            .reg_add_i(reg_add),
            .reg_data_i(reg_data_o),
            .reg_data_o( ),
            .reg_data_pin(out_reg1),
            .reg_add_match(reg_sel3),
            .reg_wr_i(reg_wr),
            .reg_dir_out_n(1'b0),          //only outputs
            .reg_dir_in(1'b0)
            );
IO_reg  OU3(.reset_i(reset_i),
            .clk(i2c_scl_i),
            .reg_add_i(reg_add),
            .reg_data_i(reg_data_o),
            .reg_data_o( ),
            .reg_data_pin(out_reg2),
            .reg_add_match(reg_sel4),
            .reg_wr_i(reg_wr),
            .reg_dir_out_n(1'b0),          //only outputs
```

```
            .reg_dir_in(1'b0)
            );
    IO_reg  OU4(.reset_i(reset_i),
            .clk(i2c_scl_i),
            .reg_add_i(reg_add),
            .reg_data_i(reg_data_o),
            .reg_data_o( ),
            .reg_data_pin(out_reg3),
            .reg_add_match(reg_sel5),
            .reg_wr_i(reg_wr),
            .reg_dir_out_n(1'b0),          //only outputs
            .reg_dir_in(1'b0)
            );
    IO_reg  OU5(.reset_i(reset_i),
            .clk(i2c_scl_i),
            .reg_add_i(reg_add),
            .reg_data_i(reg_data_o),
            .reg_data_o( ),
            .reg_data_pin(out_reg4),
            .reg_add_match(reg_sel6),
            .reg_wr_i(reg_wr),
            .reg_dir_out_n(1'b0),          //only outputs
            .reg_dir_in(1'b0)
            );
    IO_reg  OU6(.reset_i(reset_i),
            .clk(i2c_scl_i),
            .reg_add_i(reg_add),
            .reg_data_i(reg_data_o),
            .reg_data_o( ),
            .reg_data_pin(out_reg5),
            .reg_add_match(reg_sel7),
            .reg_wr_i(reg_wr),
            .reg_dir_out_n(1'b0),          //only outputs
            .reg_dir_in(1'b0)
            );
endmodule
```

15. 略.

第 7 章　仿真测试工具和综合工具

❖ **本章主要内容：**

(1) 可编程逻辑器件；

(2) 采用 Verilog HDL 对可编程逻辑器件进行设计的方法；

(3) ModelSim 设计仿真软件；

(3) Quartus Ⅱ设计仿真软件。

❖ **本章重点、难点：**

(1) 可编程逻辑器件设计方法；

(2) ModelSim 设计仿真软件；

(3) Quatus Ⅱ设计仿真软件。

本章列举两个实例，利用 ModelSim、Synplify Pro 和 Altera 公司的 Quartus Ⅱ这三种工具在 Altera FPGA 上完成对设计模块的仿真和验证。

例 7.1-1　设计一个模 40 的加法计数器，利用 ModelSim 进行功能仿真；利用 Synplify 进行综合，生成 VQM 文件；利用 Quartus Ⅱ导入 VQM 文件进行自动布局布线，并生成网表文件和延时反标注文件用作后仿真；利用 ModelSim 进行后仿真，看是否满足要求。

1) 前仿真

(1) 建立并映射库。在 ModelSim 中选择 File→New→Library 菜单命令，填入库名称 work，点击 OK 按钮。

(2) 新建工程项目。选择 File→New→Project 菜单命令，输入工程名 count40，选择保存路径。

(3) 输入源代码。选择 File→New→Source→Verilog HDL 菜单命令，输入源代码：

```
module count40(clk, rst_n, cnt);
    input clk;
    input rst_n;
    output [5:0] cnt;
    reg [5:0] cnt;
    always@(posedge clk or negedge rst_n)
        begin
            if(!rst_n) cnt <= 6'b0;
            else if(cnt==6'b100111) cnt <= 6'b0;
```

```
            else cnt <= cnt+1'b1;
        end
endmodule
```

(4) 将文件添加到工程。在 Main 窗口选择 Project→Add to Project→Existing File…菜单命令，在打开的窗口中选择 count40.v 文件。

(5) 编译源代码。在 Project 对话框中选中 count40.v，然后在 Main 窗口中选中 Compile→Compile selected 菜单命令，对源代码进行编译。

(6) 建立并添加测试文件，然后编译，如图 7-1 所示。

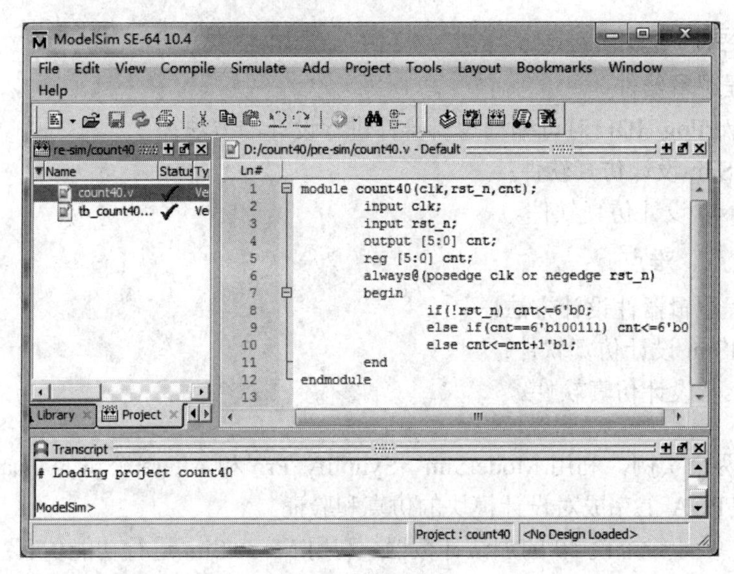

图 7-1　编译代码

其程序代码如下：

```
`timescale 1ns/1ns
module tb_count40;
    reg clk, rst_n;
    wire [5:0]cnt;
    count40 U1(clk, rst_n, cnt);
    initial
        begin
            clk = 1'b0;
            rst_n = 1'b1;
            #10 rst_n = 1'b0;
            #20 rst_n = 1'b1;
        end
    always #5 clk = ~clk;
endmodule
```

(7) 打开仿真器。选择 Simulate→Start Simulation…菜单命令，得到仿真设置对话框，点开 work 前面的加号“+”，选择 tb_count40 作为顶层文件进行仿真，如图 7-2 所示。

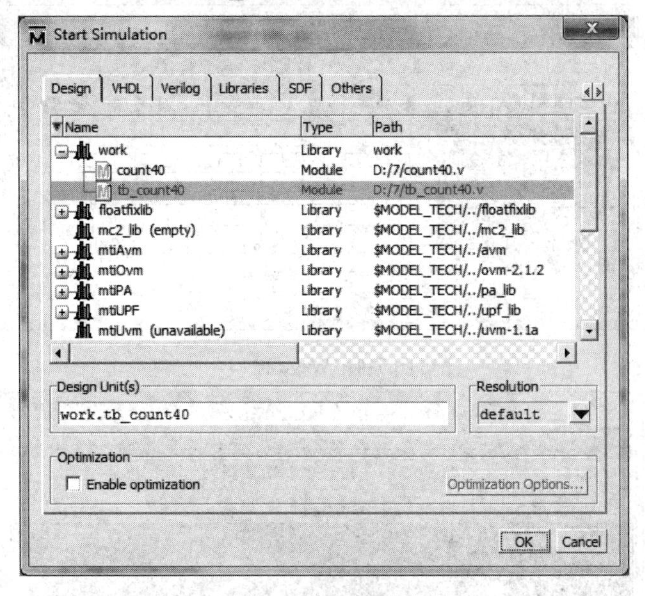

图 7-2　仿真器页面

(8) 打开调试窗口。选择 View→Wave 菜单命令，打开仿真波形窗口。

(9) 添加需要观察的信号。在 sim 对话框中选中 tb_count40，右键选中 Add Wave，将所有端口添加到 Wave 窗口，如图 7-3 所示。

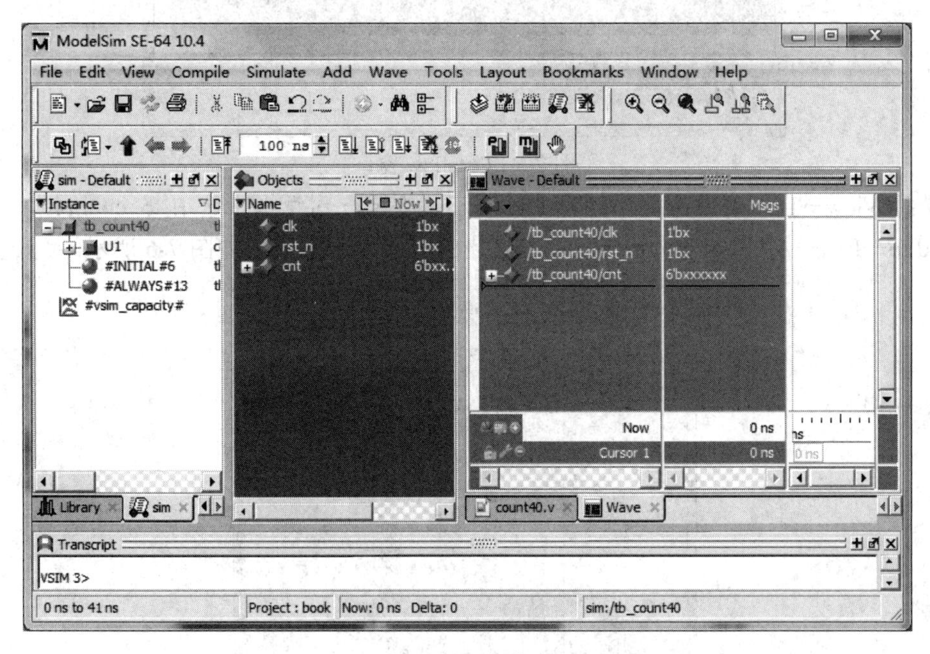

图 7-3　添加信号

(10) 运行仿真器。选择 Simulate→Run 菜单命令，开始仿真，产生波形。

(11) 调试。查看 Wave 窗口，如图 7-4 所示。

双击 Wave 窗口中需要追踪的信号，打开 Dataflow 窗口，如图 7-5 所示。

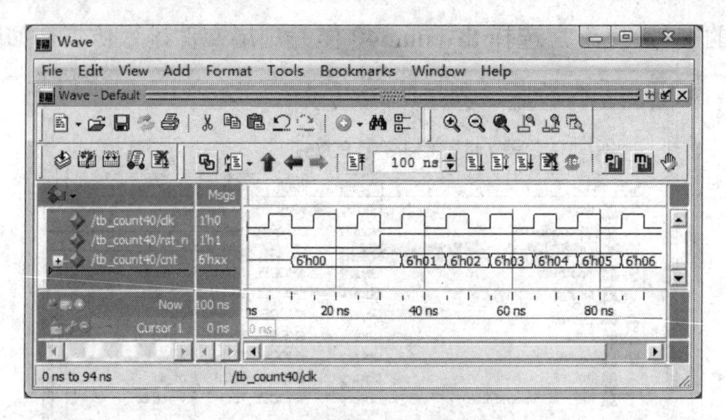

图 7-4　Wave 窗口

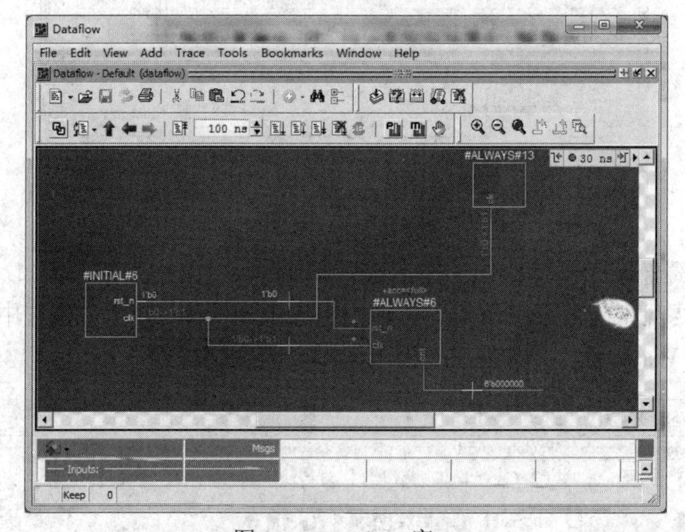

图 7-5　Dataflow 窗口

选择 View→List 菜单命令，打开 List 窗口，在 sim 对话框中选中 tb_count40，右键选中 Add to→List→All item in region，以表格化的方式显示数据，如图 7-6 所示。

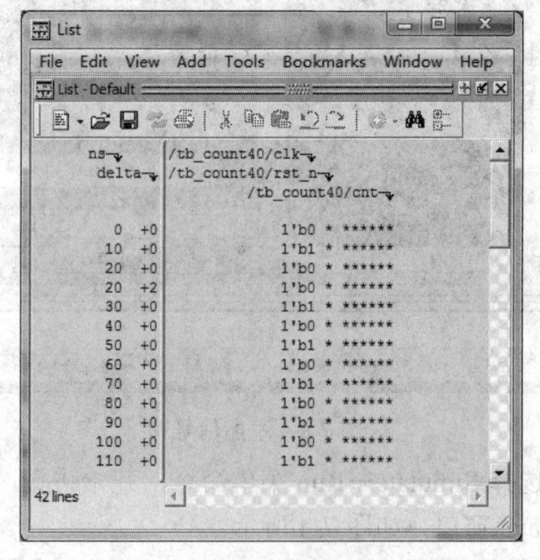

图 7-6　List 窗口

2) 综合

(1) 创建工程。打开 Synplify，选择 File→New→Project File 菜单命令，填入工程名 count40，点击 OK 按钮保存。

(2) 添加文件。选择 Project→Add Source File 菜单命令，在弹出的对话框中选择 count40.v。

(3) 保存工程。点击 Save 按钮，对工程及源文件进行保存，如图 7-7 所示。

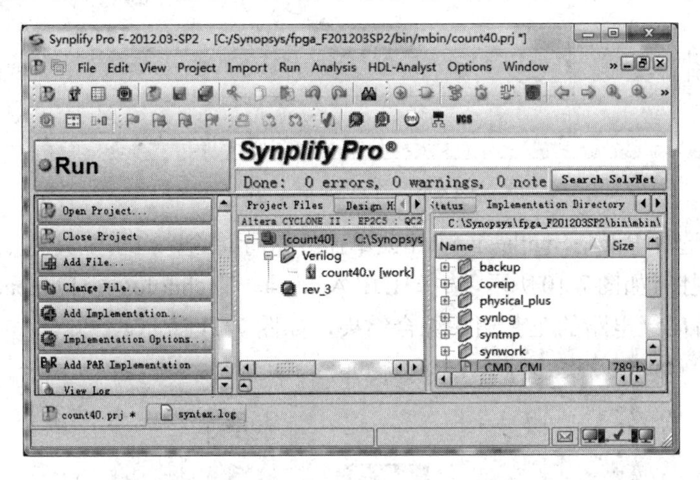

图 7-7　保存工程和源文件

(4) 语法和综合检测。选择 Run→Syntax Check 菜单命令，对源程序进行检测，检测的结果保存在“Syntax.log”文件中，如图 7-8 所示。

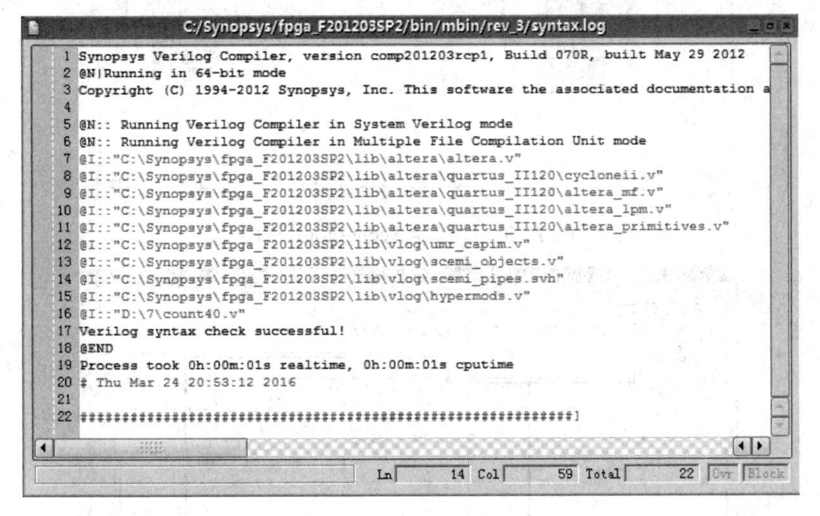

```
C:/Synopsys/fpga_F201203SP2/bin/mbin/rev_3/syntax.log
1  Synopsys Verilog Compiler, version comp201203rcp1, Build 070R, built May 29 2012
2  @N|Running in 64-bit mode
3  Copyright (C) 1994-2012 Synopsys, Inc. This software the associated documentation a
4
5  @N:: Running Verilog Compiler in System Verilog mode
6  @N:: Running Verilog Compiler in Multiple File Compilation Unit mode
7  @I::"C:\Synopsys\fpga_F201203SP2\lib\altera\altera.v"
8  @I::"C:\Synopsys\fpga_F201203SP2\lib\altera\quartus_II120\cycloneii.v"
9  @I::"C:\Synopsys\fpga_F201203SP2\lib\altera\quartus_II120\altera_mf.v"
10 @I::"C:\Synopsys\fpga_F201203SP2\lib\altera\quartus_II120\altera_lpm.v"
11 @I::"C:\Synopsys\fpga_F201203SP2\lib\altera\quartus_II120\altera_primitives.v"
12 @I::"C:\Synopsys\fpga_F201203SP2\lib\vlog\umr_capim.v"
13 @I::"C:\Synopsys\fpga_F201203SP2\lib\vlog\scemi_objects.v"
14 @I::"C:\Synopsys\fpga_F201203SP2\lib\vlog\scemi_pipes.svh"
15 @I::"C:\Synopsys\fpga_F201203SP2\lib\vlog\hypermods.v"
16 @I::"D:\7\count40.v"
17 Verilog syntax check successful!
18 @END
19 Process took 0h:00m:01s realtime, 0h:00m:01s cputime
20 # Thu Mar 24 20:53:12 2016
21
22 ###############################################################]
Ln 14 Col 59 Total 22 Ovr Block
```

图 7-8　检测结果

(5) 编译综合前的设置。选择 Project→Implementation Options 菜单命令，在打开的 Device 对话框中选择“Altera Cyclone Ⅱ”器件，在“Constraints”中可以对时钟频率进行约束，设置时钟频率为 100 MHz。在“Verilog HDL”中的“Top Level Module”中填入 count40。

(6) 编译。选择 Run→Compiler Only 菜单命令，可对设计进行单独编译。点击工具栏上的 ⊕ 图标，查看 RTL 视图，如图 7-9 所示。

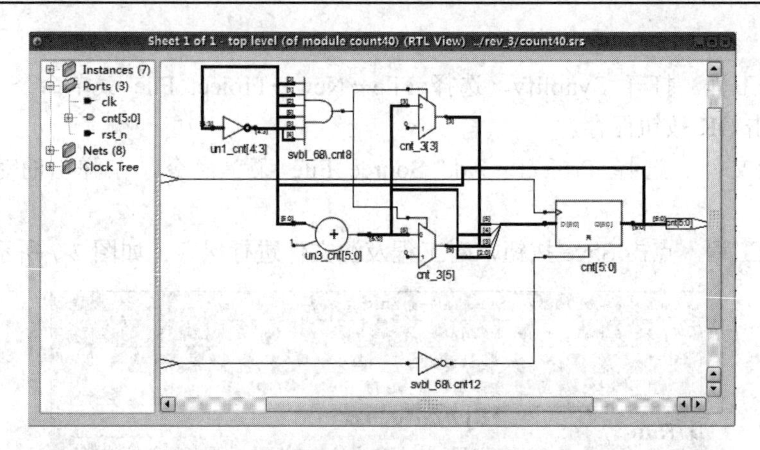

图 7-9 计数器 RTL 视图

(7) 综合。选择 Run→Synthesize All 菜单命令进行综合，点击工具栏上的 图标，查看 Technology 视图，如图 7-10 所示，选择 HDL Analyst→Technology→Flattened to Gates View 菜单命令，查看门级电路的工艺相关综合结果，如图 7-11 所示。

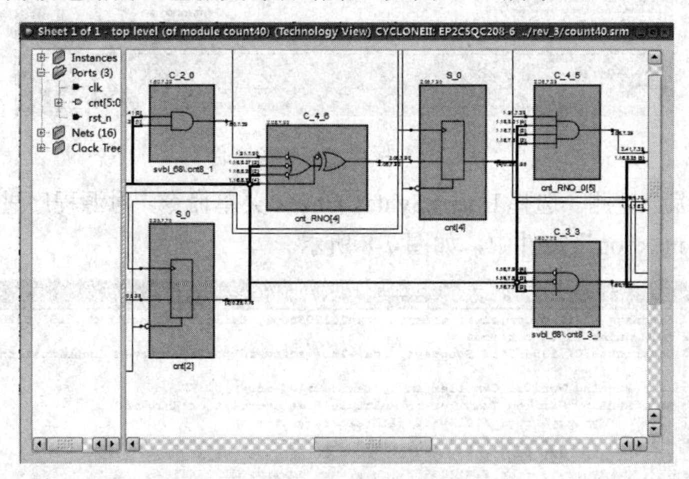

图 7-10 计数器 Technology 视图

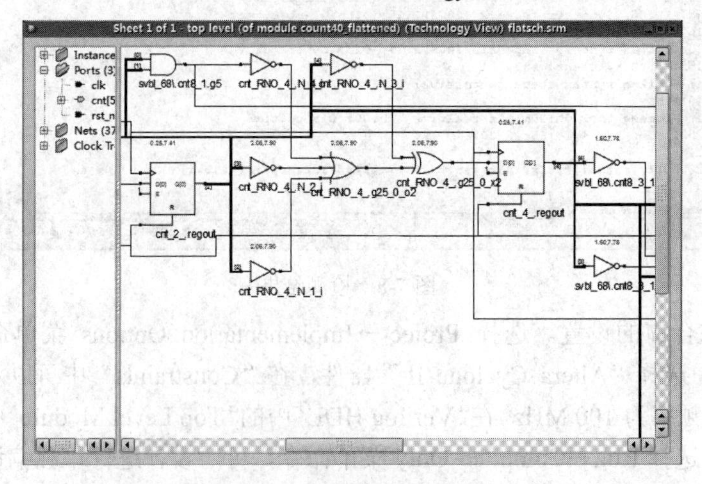

图 7-11 计数器门级电路视图

(8) 分析综合结果。双击打开 count40.srr 文件，查看综合结果。在图 7-12 的时序报告中，可以看到用户要求的工作频率是 100 MHz，Synplify 综合后系统估计最高允许的工作频率是 383.3 MHz，裕量(Slack)为 7.391 ns，满足时序要求。

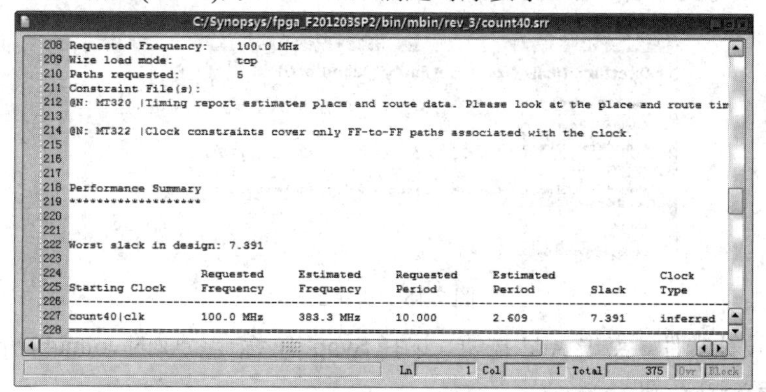

```
C:/Synopsys/fpga_F201203SP2/bin/mbin/rev_3/count40.srr
208 Requested Frequency:     100.0 MHz
209 Wire load mode:          top
210 Paths requested:         5
211 Constraint File(s):
212 @N: MT320 |Timing report estimates place and route data. Please look at the place and route tim
213
214 @N: MT322 |Clock constraints cover only FF-to-FF paths associated with the clock.
215
216
217
218 Performance Summary
219 *******************
220
221
222 Worst slack in design: 7.391
223
224                     Requested     Estimated     Requested     Estimated                 Clock
225 Starting Clock      Frequency     Frequency     Period        Period        Slack       Type
226 ----------------------------------------------------------------------------------------------
227 count40|clk         100.0 MHz     383.3 MHz     10.000        2.609         7.391       inferred
228 ==============================================================================================
Ln 1  Col 1  Total 375
```

图 7-12　时序报告

在报告中进一步查看最差路径的起点信息，可以看出最差路径的裕量均为正值，如图 7-13 所示。

```
C:/Synopsys/fpga_F201203SP2/bin/mbin/rev_3/count40.srr
260
261 Starting Points with Worst Slack
262 ********************************
263
264              Starting                                                   Arrival
265 Instance     Reference     Type                   Pin       Net         Time       Slack
266              Clock
267 -------------------------------------------------------------------------------------------
268 cnt[1]       count40|clk   cycloneii_lcell_ff     regout    cntz[1]     0.250      7.391
269 cnt[0]       count40|clk   cycloneii_lcell_ff     regout    cntz[0]     0.250      7.409
270 cnt[2]       count40|clk   cycloneii_lcell_ff     regout    cntz[2]     0.250      7.784
271 cnt[3]       count40|clk   cycloneii_lcell_ff     regout    cntz[3]     0.250      7.802
272 cnt[4]       count40|clk   cycloneii_lcell_ff     regout    cntz[4]     0.250      7.947
273 cnt[5]       count40|clk   cycloneii_lcell_ff     regout    cntz[5]     0.250      8.364
274 ===========================================================================================
Ln 219  Col 20  Total 375
```

图 7-13　最差路径起点信息

最差路径信息是对最差路径作的一个总结，从图 7-14 可以看出最差路径的时间裕量以及路径的起点和终点。

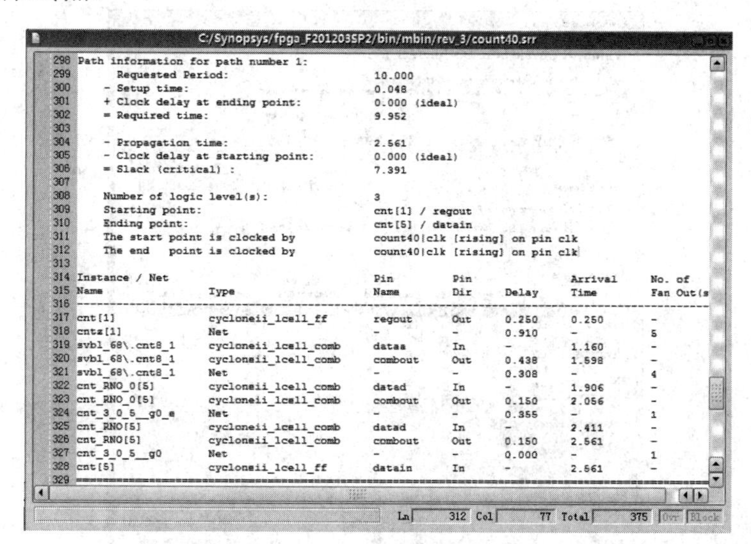

```
C:/Synopsys/fpga_F201203SP2/bin/mbin/rev_3/count40.srr
298 Path information for path number 1:
299       Requested Period:                      10.000
300     - Setup time:                            0.048
301     + Clock delay at ending point:           0.000 (ideal)
302     = Required time:                         9.952
303
304     - Propagation time:                      2.561
305     - Clock delay at starting point:         0.000 (ideal)
306     = Slack (critical) :                     7.391
307
308     Number of logic level(s):                3
309     Starting point:                          cnt[1] / regout
310     Ending point:                            cnt[5] / datain
311     The start point is clocked by            count40|clk [rising] on pin clk
312     The end   point is clocked by            count40|clk [rising] on pin clk
313
314 Instance / Net                               Pin        Pin               Arrival     No. of
315 Name                  Type                   Name       Dir     Delay     Time        Fan Out(s
316 ---------------------------------------------------------------------------------------------
317 cnt[1]                cycloneii_lcell_ff     regout     Out     0.250     0.250       -
318 cntz[1]               Net                    -          -       0.910     -           5
319 svbl_68\.cnt8_1       cycloneii_lcell_comb   dataa      In      -         1.160       -
320 svbl_68\.cnt8_1       cycloneii_lcell_comb   combout    Out     0.438     1.598       -
321 svbl_68\.cnt8_1       Net                    -          -       0.308     -           4
322 cnt_RNO_0[5]          cycloneii_lcell_comb   datad      In      -         1.906       -
323 cnt_RNO_0[5]          cycloneii_lcell_comb   combout    Out     0.150     2.056       -
324 cnt_3_0_5__g0_e       Net                    -          -       0.355     -           1
325 cnt_RNO[5]            cycloneii_lcell_comb   datad      In      -         2.411       -
326 cnt_RNO[5]            cycloneii_lcell_comb   combout    Out     0.150     2.561       -
327 cnt_3_0_5__g0         Net                    -          -       0.000     -           1
328 cnt[5]                cycloneii_lcell_ff     datain     In      -         2.561       -
329 =============================================================================================
Ln 312  Col 77  Total 375
```

图 7-14　最差路径信息

3) 自动布局布线

(1) 新建工程。打开 Quartus Ⅱ，选择 File→New Project Wizard 菜单命令，新建工程，设定库路径，填写工程名，如图 7-15 所示，点击 Next 按钮。

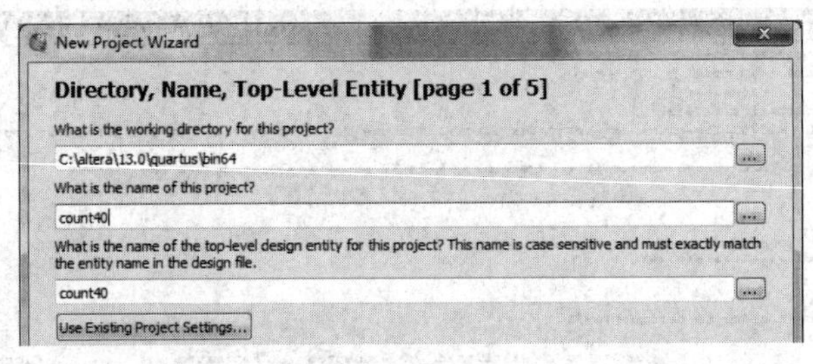

图 7-15　新建工程

(2) 加入设计文件。点击 Add 按钮，选择 Synplify 综合生成的 count40.vpm，如图 7-16 所示，再点击 Next 按钮。

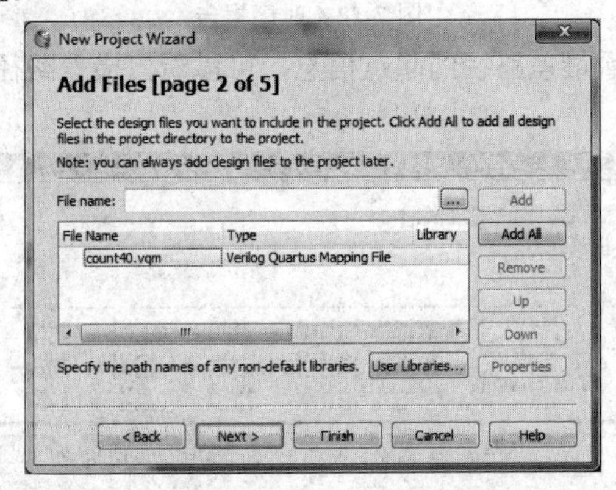

图 7-16　添加设计文件

(3) 设定 Family 和 Devices。设定 Family 为 Cyclone Ⅱ，在 Available devices 栏下选择器件为 EP2C5AF256A7，如图 7-17 所示，然后点击 Next 按钮。

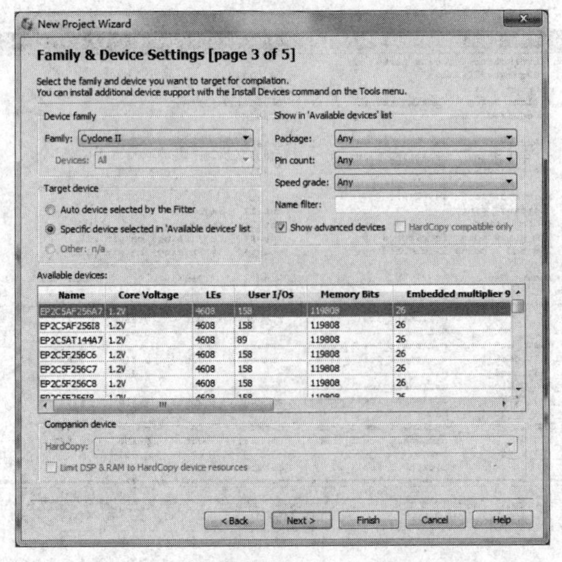

图 7-17　设定 Family 和 Devices

(4) 设定相关的 EDA Tools。在 Design Entry/Synthesis 栏的 Tool Name 下拉列表中选择 Synplify Pro，Fomat(s)下拉列表中选择 VQM。在 Simulation 栏的 Tool Name 下拉列表中选择 ModelSim，Fomat(s)下拉列表中选择 Verilog HDL，如图 7-18 所示，然后点击 Next 按钮。

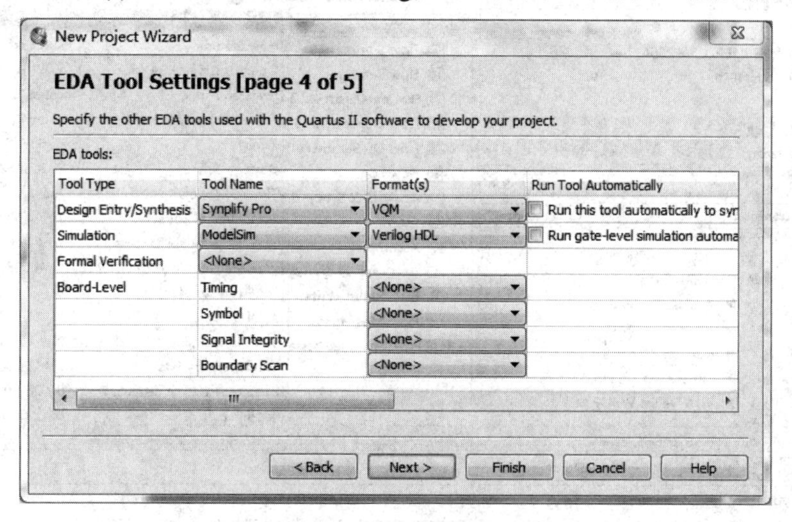

图 7-18　设定 EDA Tools

(5) 确认信息。点击 Finish 按钮，完成 Project 的设定和保存，如图 7-19 所示。

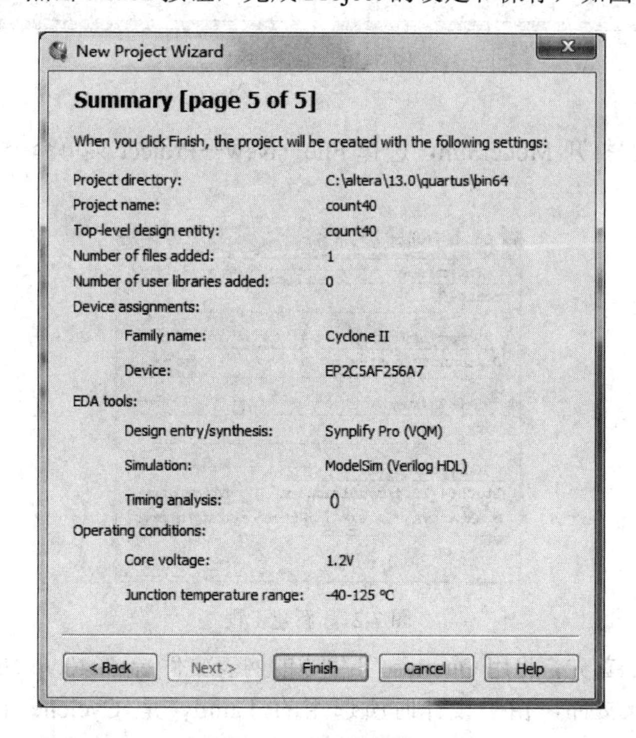

图 7-19　工程信息

(6) 编译。选择 Processing→Start Compilation 菜单命令开始编译，编译成功后在 C:\altera\13.0\quartus\bin64\simulation\modelsim 文件夹中生成后仿真需要的 count40.vo 和 count40.sdo 文件，如图 7-20 所示。

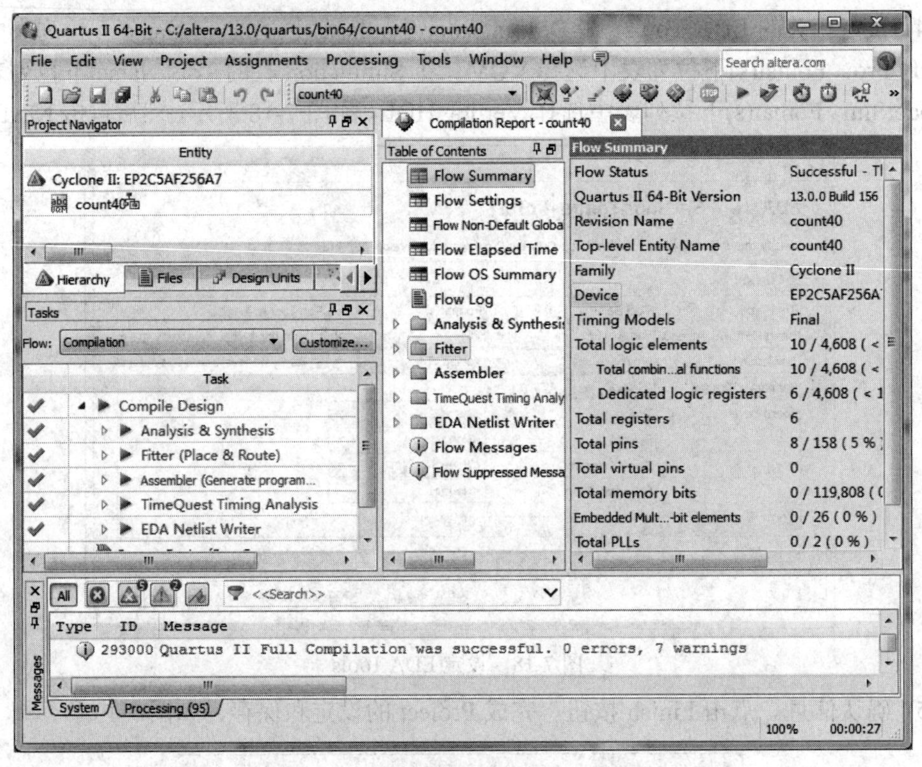

图 7-20　编译结果

4) 后仿真

(1) 新建工程。打开 ModelSim，选择 File→New→Project 菜单命令，新建工程，如图 7-21 所示。

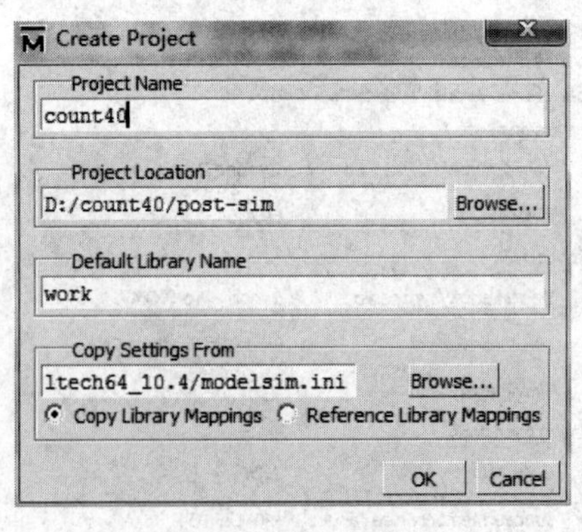

图 7-21　新建工程

(2) 加入文档。首先，将用 Quartus Ⅱ生成的网表文件 count40.vo 加入；其次，模拟时加入 Cell Library 文件，由于设计时所选用的 Family 是 Cyclone Ⅱ，所以可在目录 C:\altera\13.0\quartus\eda\sim_lib 中找到 Cyclone Ⅱ的 Cell Library 文件，即 cycloneii_atoms.v 文件，将其加入；最后，加入测试平台 tb_count40.v 文件。

(3) 编译。选择 Compile→Compile All 菜单命令，编译工程中的所有文件，编译结果如图 7-22 所示。

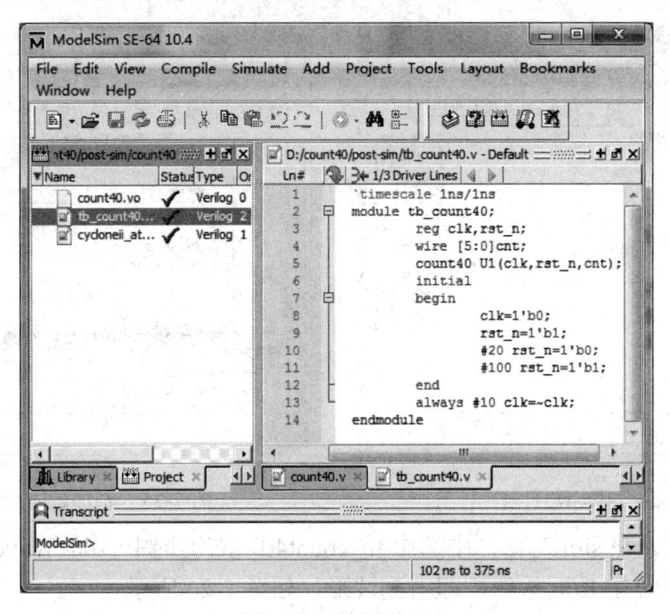

图 7-22　编译结果

(4) 仿真设置。选择 Simulate→Start Simulation…菜单命令，得到仿真设置对话框。

在 Design 选项卡下点开 work 前面的加号“+”，选择 tb_count40 作为顶层文件，如图 7-23 所示。其次，打开 Libraries 选项卡，在 Search Libraries 项目下点击添加库 work，如图 7-24 所示。这里因为刚才编译的时候已经将 cycloneii_atoms.v 库的信息加进了 work，所以添加 work 库的同时也就添加了 Altera 的 Cyclone Ⅱ器件库。最后，在 SDF 选项卡中添加延时反标注文件，点击 Add 按钮，在弹出的 Add SDF Entry 对话框中，点击 Browse…按钮找到 count40.sdo 文件的路径并加入，在 Apply to Region 区域填写“/测试文件顶层模块名/测试文件中例化文件名”，即“/tb_count40/U1”，如图 7-25 所示。

以上工作完成后，点击 OK 按钮，ModelSim 即自动按照设定完成对仿真目标的加载。

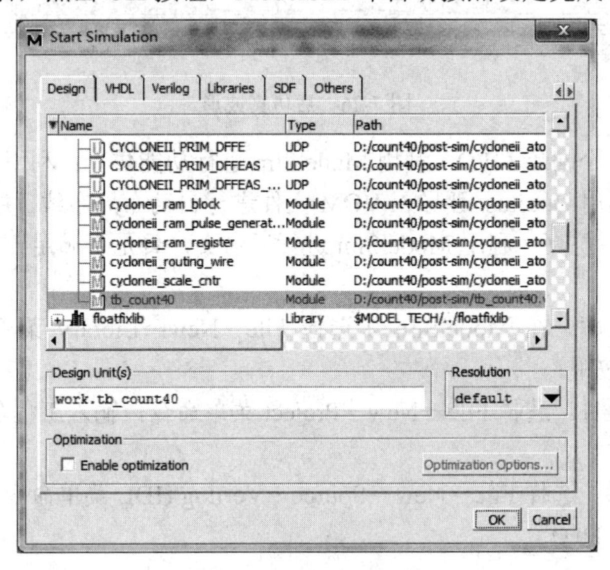

图 7-23　选择顶层文件

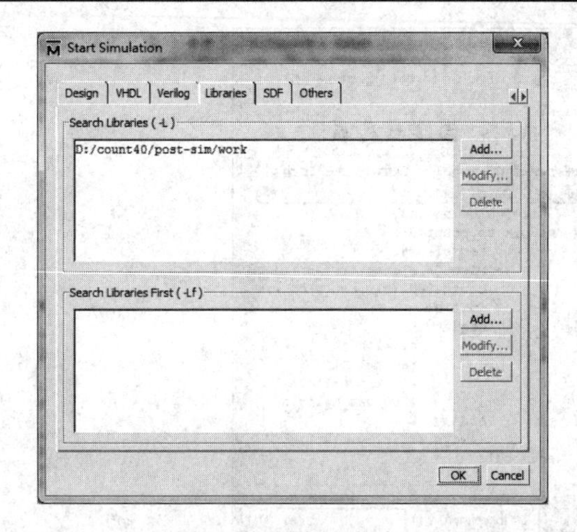

图 7-24　添加器件库

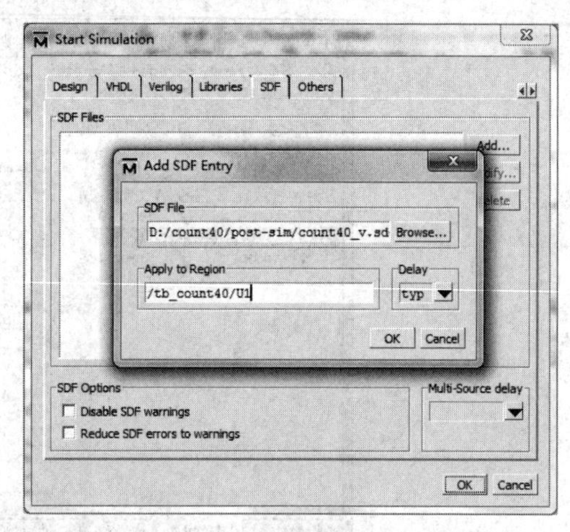

图 7-25　添加延时反标注文件

(5) 仿真调试。在 sim 对话框中选中 tb_count40，右键选中 Add Wave，将所有端口添加到 Wave 窗口，点击 Run 按钮，即得到波形，如图 7-26 所示。

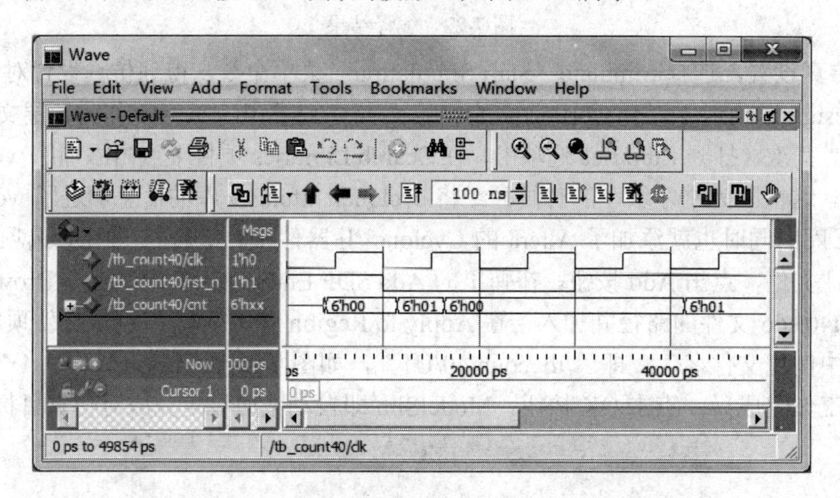

图 7-26　后仿真波形

例 7-2　设计一个同步 FIFO，利用 ModelSim 进行功能仿真；利用 Synplify 进行综合，生成 VQM 文件；利用 Quartus Ⅱ导入 VQM 文件进行自动布局布线，并生成网表文件和延时反标注文件用作后仿真；利用 ModelSim 进行后仿真，看是否满足要求。

1) 前仿真

(1) 建立并映射库。在 ModelSim 中选择 File→New→Library 菜单命令，填入库名称 work，再点击 OK 按钮。

(2) 新建工程项目。选择 File→New→Project 菜单命令，输入工程名 sync_FIFO，并选择保存路径。

(3) 输入源代码。选择 File→New→Source→Verilog HDL 菜单命令，输入源代码：

```
module sync_FIFO
    (
```

```
    clk, rst_n, we, rd, din, empty, full, dout
);
input clk;
input rst_n;
input we;
input rd;
input [31:0] din;
output [31:0] dout;
output empty;
output full;
reg [31:0] dout;
reg empty;
reg full;
reg [31:0] mem[15:0];
reg [3:0] wr_p;                         //写指针
reg [3:0] rd_p;                         //读指针
reg [1:0] cs, ns;
reg we_r, rd_r;
parameter EMPTY = 2'b00;
parameter NORMAL = 2'b01;
parameter FULL    = 2'b10;
always@(wr_p or rd_p or we_r or rd_r)
    begin
        case(cs)
            EMPTY:
            begin
                if(wr_p != rd_p)
                    ns <= NORMAL;
                else
                    ns <= EMPTY;
            end
            NORMAL:
            begin
                if((wr_p == rd_p) && (we_r == 1'b1))
                    ns <= FULL;
                else if((wr_p == rd_p) && (rd_r == 1'b1))
                    ns <= EMPTY;
                else
                    ns <= NORMAL;
```

```
                    end
                    FULL:
                    begin
                        if(wr_p != rd_p)
                            ns <= NORMAL;
                        else
                            ns <= FULL;
                    end
                    default:
                            ns <= EMPTY;
                endcase
            end
        always@(posedge clk or negedge rst_n)
            begin
                if(!rst_n)
                    cs <= EMPTY;
                else
                    cs <= ns;
            end
        always@(ns)
            begin
                case(ns)
                    EMPTY:
                        begin
                            empty <= 1'b1;
                            full <= 1'b0;
                        end
                    NORMAL:
                        begin
                            empty <= 1'b0;
                            full <= 1'b0;
                        end
                    FULL:
                        begin
                            empty <= 1'b0;
                            full <= 1'b1;
                        end
                    default:
                        begin
```

```
                    empty <= 1'b1;
                    full <= 1'b0;
                end
            endcase
        end
always@(posedge clk or negedge rst_n)
    begin
    if(!rst_n)
        begin
            we_r <= 1'b0;
            rd_r <= 1'b0;
        end
    else
        begin
            we_r <= we;
            rd_r <= rd;
        end
    end
always@(posedge clk or negedge rst_n)
    begin
        if(!rst_n)
            wr_p <= 4'b0;
        else if((we == 1'b1) && (full != 1'b1))
            wr_p <= wr_p + 1'b1;
        else
            wr_p <= wr_p;
    end
always@(posedge clk or negedge rst_n)
    begin
        if(!rst_n)
            rd_p <= 4'b0;
        else if((rd == 1'b1) && (empty != 1'b1))
            rd_p <= rd_p + 1'b1;
        else
            rd_p <= rd_p;
    end
always@(posedge clk or negedge rst_n)
    begin
        if(!rst_n)
```

```
                begin
                    mem[0] <= 32'b0;
                    mem[1] <= 32'b0;
                    mem[2] <= 32'b0;
                    mem[3] <= 32'b0;
                    mem[4] <= 32'b0;
                    mem[5] <= 32'b0;
                    mem[6] <= 32'b0;
                    mem[7] <= 32'b0;
                    mem[8] <= 32'b0;
                    mem[9] <= 32'b0;
                    mem[10] <= 32'b0;
                    mem[11] <= 32'b0;
                    mem[12] <= 32'b0;
                    mem[13] <= 32'b0;
                    mem[14] <= 32'b0;
                    mem[15] <= 32'b0;
                end
            else if((we == 1'b1) && (full != 1'b1))
                mem[wr_p] <= din;
        end
    always@(posedge clk or negedge rst_n)
        begin
            if(!rst_n)
                dout <= 32'b0;
            else if((rd == 1'b1) && (empty != 1'b1))
                dout <= mem[rd_p];
        end
endmodule
```

(4) 将文件添加到工程。在 Main 窗口中选择 Project→Add to Project→Existing File…菜单命令，在打开的窗口中选择 sync_FIFO.v 文件。

(5) 编译源代码。在 Project 对话框中选中 sync_FIFO.v，然后在 Main 窗口中选中 Compile→Compile selected 选项，对源代码进行编译。

(6) 建立并添加测试文件，然后编译，如图 7-27 所示。其程序代码如下：

```
`timescale 1ns/1ns
module sync_FIFO_tb;
    reg clk;
    reg rst_n;
```

```
    reg we;
    reg rd;
    reg [31:0] din;
    wire [31:0] dout;
    wire full;
    wire empty;
    sync_FIFO U1(
                    .clk  (clk),
                    .rst_n(rst_n),
                    .we  (we),
                    .rd (rd),
                    .din (din),
                    .empty (empty),
                    .full (full),
                    .dout(dout)
                   );
    initial
        begin
            clk = 1'b1;
            rst_n = 1'b0;
            we = 1'b0;
            rd = 1'b0;
            din = 32'b0;
            #20;
            rst_n = 1'b1;
            we = 1'b1;
            #200;
            rd = 1'b1;
            we = 1'b0;
            #200;
            we = 1'b1;
            rd = 1'b0;
            #50;
            rd = 1'b1;
        end
    always #5 clk = ~clk;
    always #10 din = din + 1'b1;
endmodule
```

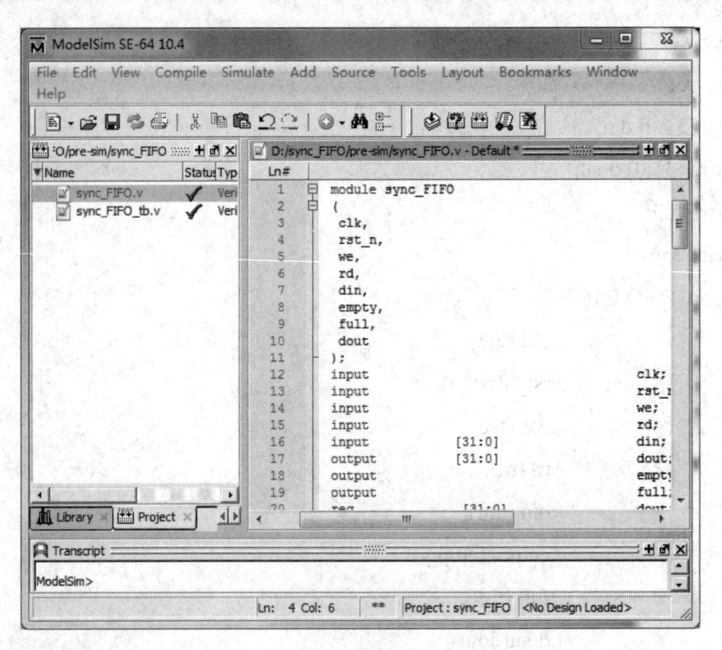

图 7-27 编译代码

(7) 打开仿真器。选择 Simulate→Start Simulation…菜单命令，得到仿真设置对话框，点开 work 前面的加号“+”，选择 sync_FIFO_tb 作为顶层文件进行仿真，如图 7-28 所示。

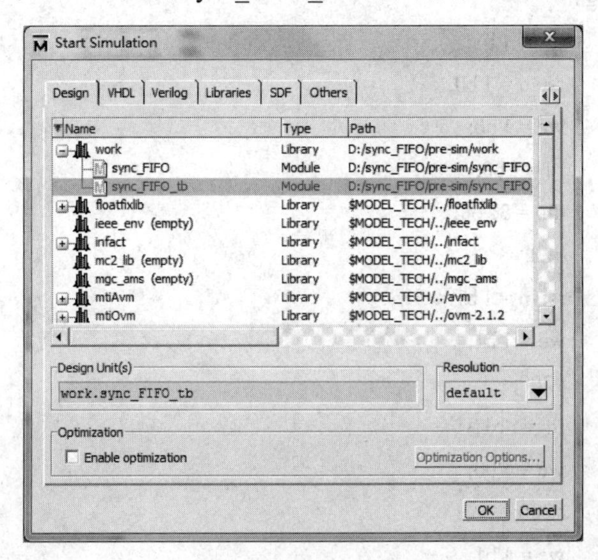

图 7-28 仿真器页面

(8) 打开调试窗口。选择 View→Wave 菜单命令，打开仿真波形窗口。

(9) 添加需要观察的信号。在 sim 对话框中选中 sync_FIFO_tb，右键选中 Add Wave，将所有端口添加到 Wave 窗口，如图 7-29 所示。

(10) 运行仿真器。选择 Simulate→Run 菜单命令，开始仿真，产生波形。

(11) 调试。查看 Wave 窗口，如图 7-30 所示。

双击 Wave 窗口中需要追踪的信号，打开 Dataflow 窗口，如图 7-31 所示。

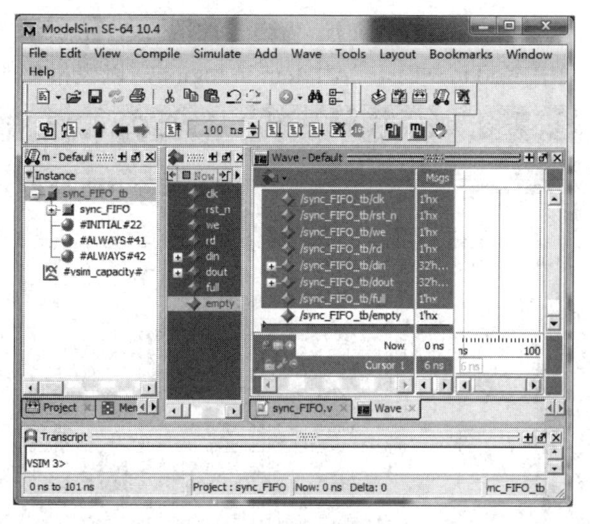

图 7-29　添加信号

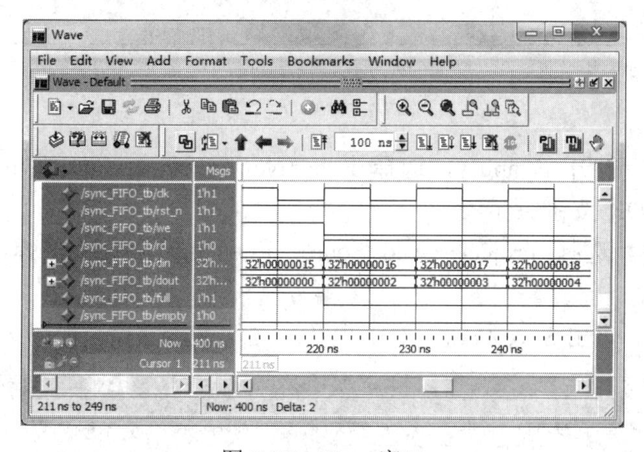

图 7-30　Wave 窗口

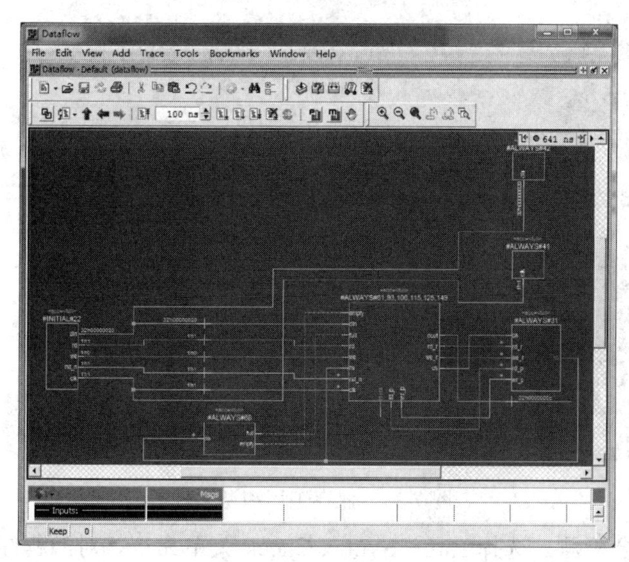

图 7-31　Dataflow 窗口

选择 View→List 菜单命令，打开 List 窗口，如图 7-32 所示，在 sim 对话框中选中 sync_FIFO_tb，右键选中 Add to→List→All item in region，以表格化的方式显示数据。

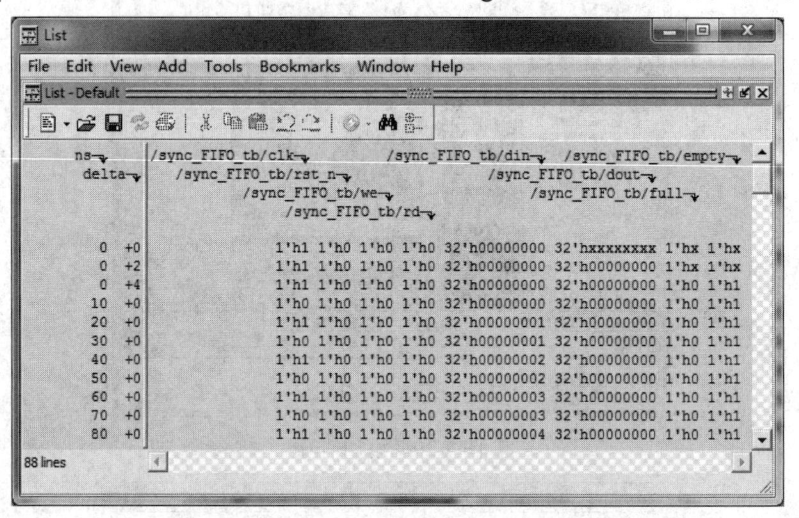

图 7-32　List 窗口

2) 综合

(1) 创建工程。打开 Synplify，选择 File→New→Project File 菜单命令，填入工程名 sync_FIFO，点击 OK 按钮保存。

(2) 添加文件。选择 Project→Add Source File 菜单命令，在弹出的对话框中选择 sync_FIFO.v 文件。

(3) 保存工程。点击 Save 按钮，对工程及源文件进行保存，如图 7-33 所示。

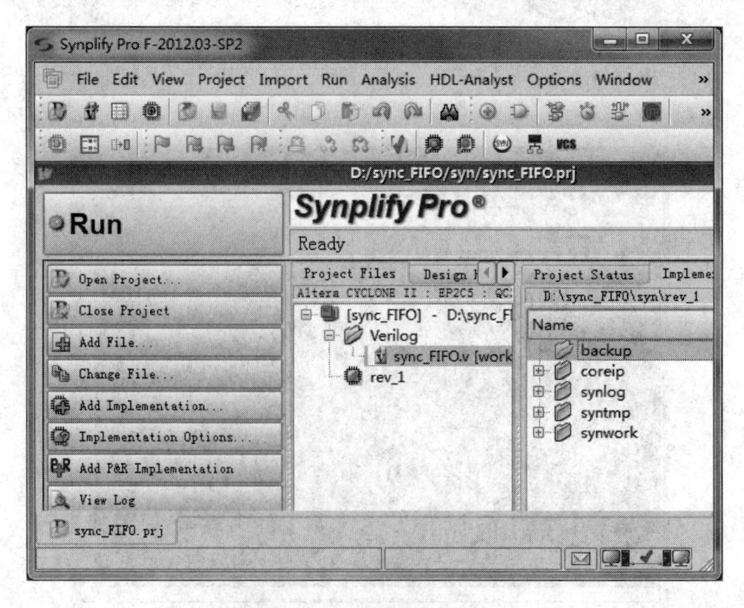

图 7-33　保存工程和源文件

(4) 语法和综合检测。选择 Run→Syntax Check 菜单命令，对源程序进行检测，检测结果保存在“Syntax.log”文件中，如图 7-34 所示。

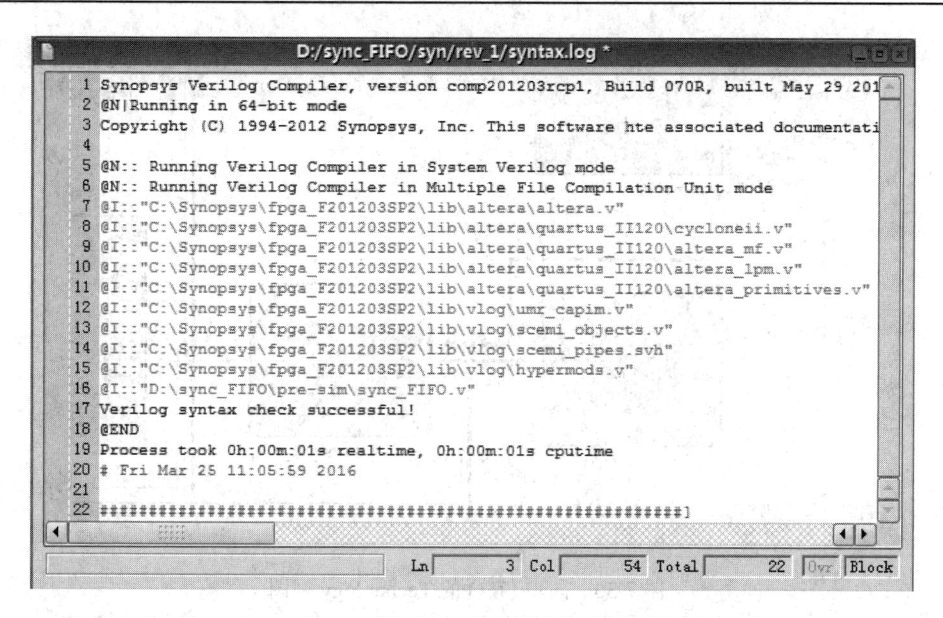

图 7-34　检测结果

(5) 编译综合前的设置。选择 Project→Implementation Options 菜单命令，在打开的 Device 对话框中选择“Altera Cyclone Ⅱ”器件，在“Constraints”中对时钟频率进行约束，设置时钟频率为 100 MHz。在“Verilog HDL”中的“Top Level Module”中填入 sync_FIFO。

(6) 编译。选择 Run→Compiler Only 菜单命令，可对设计进行单独编译。点击工具栏上的图标，可查看 RTL 视图，如图 7-35 所示。

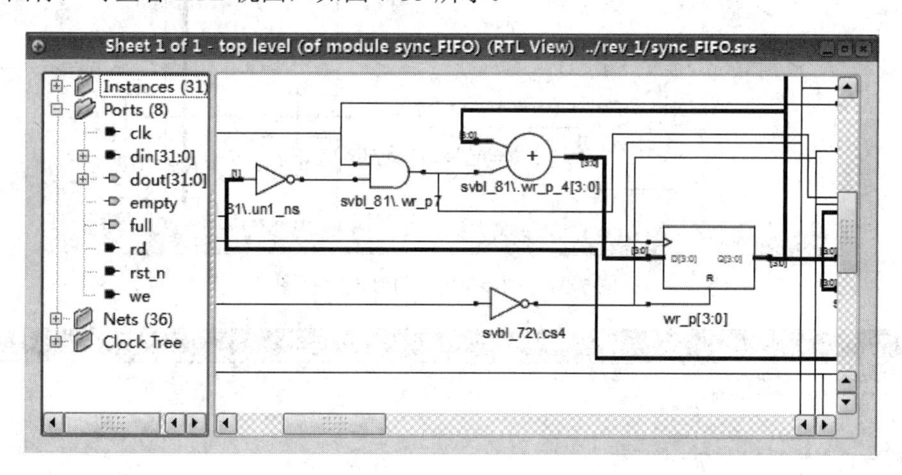

图 7-35　同步 FIFO 的 RTL 视图

(7) 综合。选择 Run→Synthesize All 菜单命令进行综合，点击工具栏上的图标，查看 Technology 视图，如图 7-36 所示，选择 HDL Analyst→Technology→Flattened to Gates View 菜单命令，查看门级电路的工艺相关综合结果，如图 7-37 所示。

(8) 分析综合结果。双击打开 sync_FIFO.srr 文件，查看综合结果。在图 7-38 的时序报告中可以看到用户要求的工作频率是 100 MHz，Synplify 综合后系统估计允许的最高工作频率是 161.9 MHz，裕量(Slack)为 3.825 ns，满足时序要求。

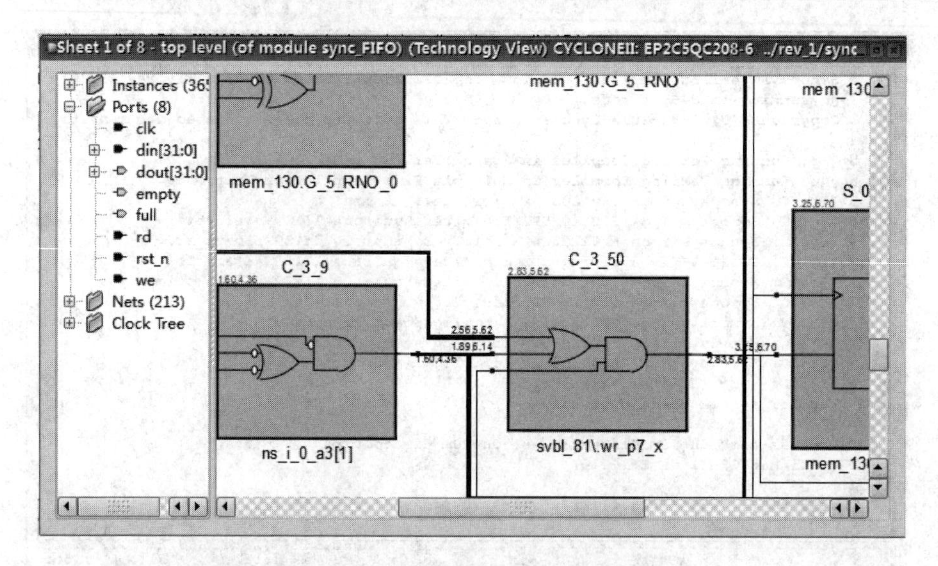

图 7-36　同步 FIFO 的 Technology 视图

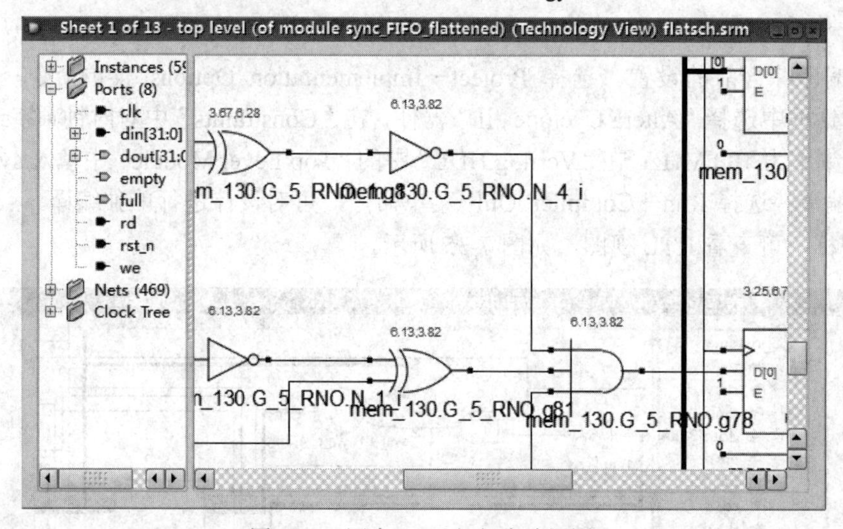

图 7-37　同步 FIFO 门级电路视图

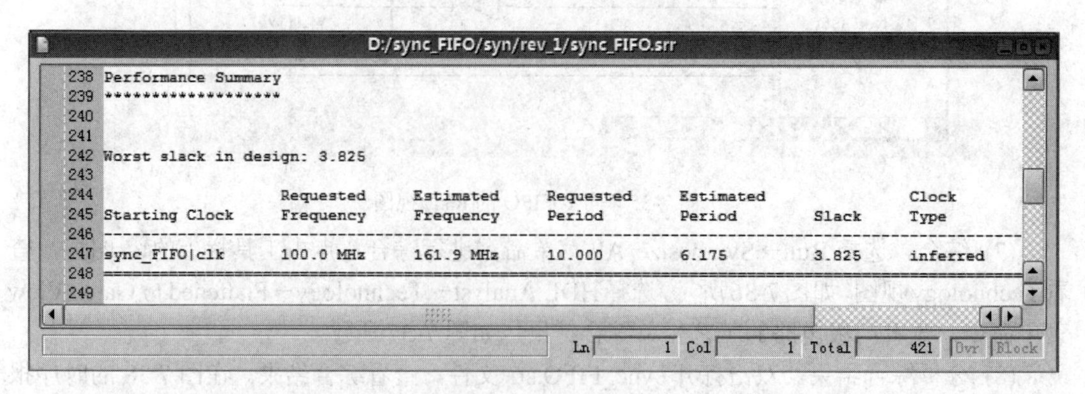
D:/sync_FIFO/syn/rev_1/sync_FIFO.srr

```
238 Performance Summary
239 *******************
240
241
242 Worst slack in design: 3.825
243
244                   Requested     Estimated     Requested     Estimated                  Clock
245 Starting Clock    Frequency     Frequency     Period        Period        Slack        Type
246 ------------------------------------------------------------------------------------------------
247 sync_FIFO|clk     100.0 MHz     161.9 MHz     10.000        6.175         3.825        inferred
248 ================================================================================================
249
```

Ln 1 Col 1 Total 421

图 7-38　时序报告

在报告中进一步查看最差路径的起点信息，可以看出最差路径的裕量均为正值，如图

7-39 所示。

```
D:/sync_FIFO/syn/rev_1/sync_FIFO.srr
281 Starting Points with Worst Slack
282 ********************************
283
284             Starting                                                  Arrival
285 Instance    Reference      Type                 Pin        Net        Time        Slack
286             Clock
287 ------------------------------------------------------------------------------------------
288 wr_p[1]     sync_FIFO|clk  cycloneii_lcell_ff   regout     wr_p[1]    0.250       3.825
289 rd_p[1]     sync_FIFO|clk  cycloneii_lcell_ff   regout     rd_p[1]    0.250       3.843
290 rd_p[2]     sync_FIFO|clk  cycloneii_lcell_ff   regout     rd_p[2]    0.250       3.950
291 wr_p[2]     sync_FIFO|clk  cycloneii_lcell_ff   regout     wr_p[2]    0.250       3.968
292 rd_p[3]     sync_FIFO|clk  cycloneii_lcell_ff   regout     rd_p[3]    0.250       4.113
293 wr_p[3]     sync_FIFO|clk  cycloneii_lcell_ff   regout     wr_p[3]    0.250       4.238
294 cs[0]       sync_FIFO|clk  cycloneii_lcell_ff   regout     cs[0]      0.250       4.363
295 we_r        sync_FIFO|clk  cycloneii_lcell_ff   regout     we_r       0.250       4.381
296 rd_p[0]     sync_FIFO|clk  cycloneii_lcell_ff   regout     rd_p[0]    0.250       4.455
297 wr_p[0]     sync_FIFO|clk  cycloneii_lcell_ff   regout     wr_p[0]    0.250       4.473
298 ==========================================================================================
Ln 1 Col 1 Total 421 Ovr Block
```

图 7-39 最差路径起点信息

最差路径信息是对最差路径作的一个总结，从图 7-40 可以看出最差路径的时间裕量以及路径的起点和终点。

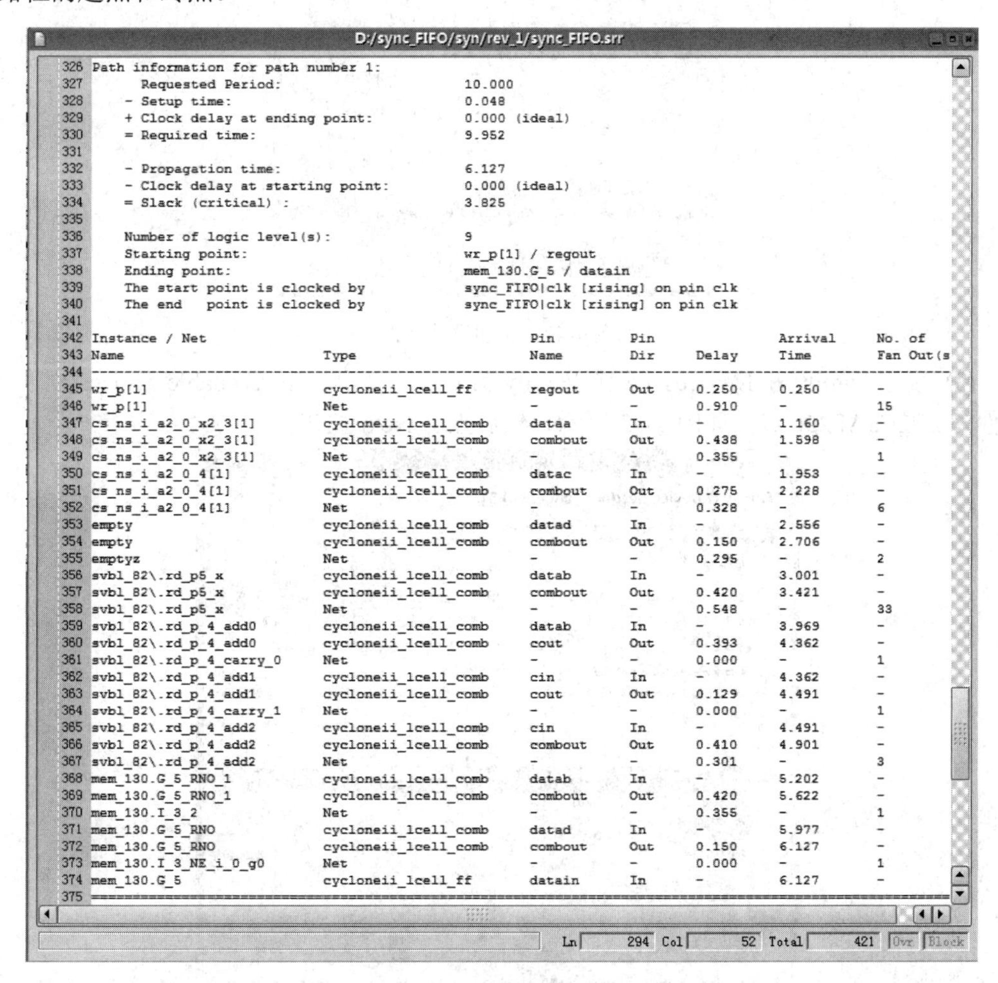

```
D:/sync_FIFO/syn/rev_1/sync_FIFO.srr
326 Path information for path number 1:
327       Requested Period:                      10.000
328     - Setup time:                            0.048
329     + Clock delay at ending point:           0.000 (ideal)
330     = Required time:                         9.952
331
332     - Propagation time:                      6.127
333     - Clock delay at starting point:         0.000 (ideal)
334     = Slack (critical) :                     3.825
335
336     Number of logic level(s):                9
337     Starting point:                          wr_p[1] / regout
338     Ending point:                            mem_130.G_5 / datain
339     The start point is clocked by            sync_FIFO|clk [rising] on pin clk
340     The end   point is clocked by            sync_FIFO|clk [rising] on pin clk
341
342 Instance / Net                                    Pin        Pin               Arrival     No. of
343 Name                     Type                     Name       Dir     Delay     Time        Fan Out(s
344 -----------------------------------------------------------------------------------------------------
345 wr_p[1]                  cycloneii_lcell_ff       regout     Out     0.250     0.250       -
346 wr_p[1]                  Net                      -          -       0.910     -           15
347 cs_ns_i_a2_0_x2_3[1]     cycloneii_lcell_comb     dataa      In      -         1.160       -
348 cs_ns_i_a2_0_x2_3[1]     cycloneii_lcell_comb     combout    Out     0.438     1.598       -
349 cs_ns_i_a2_0_x2_3[1]     Net                      -          -       0.355     -           1
350 cs_ns_i_a2_0_4[1]        cycloneii_lcell_comb     datac      In      -         1.953       -
351 cs_ns_i_a2_0_4[1]        cycloneii_lcell_comb     combout    Out     0.275     2.228       -
352 cs_ns_i_a2_0_4[1]        Net                      -          -       0.328     -           6
353 empty                    cycloneii_lcell_comb     datad      In      -         2.556       -
354 empty                    cycloneii_lcell_comb     combout    Out     0.150     2.706       -
355 emptyz                   Net                      -          -       0.295     -           2
356 svbl_82\.rd_p5_x         cycloneii_lcell_comb     datab      In      -         3.001       -
357 svbl_82\.rd_p5_x         cycloneii_lcell_comb     combout    Out     0.420     3.421       -
358 svbl_82\.rd_p5_x         Net                      -          -       0.548     -           33
359 svbl_82\.rd_p_4_add0     cycloneii_lcell_comb     datab      In      -         3.969       -
360 svbl_82\.rd_p_4_add0     cycloneii_lcell_comb     cout       Out     0.393     4.362       -
361 svbl_82\.rd_p_4_carry_0  Net                      -          -       0.000     -           1
362 svbl_82\.rd_p_4_add1     cycloneii_lcell_comb     cin        In      -         4.362       -
363 svbl_82\.rd_p_4_add1     cycloneii_lcell_comb     cout       Out     0.129     4.491       -
364 svbl_82\.rd_p_4_carry_1  Net                      -          -       0.000     -           1
365 svbl_82\.rd_p_4_add2     cycloneii_lcell_comb     cin        In      -         4.491       -
366 svbl_82\.rd_p_4_add2     cycloneii_lcell_comb     combout    Out     0.410     4.901       -
367 svbl_82\.rd_p_4_add2     Net                      -          -       0.301     -           3
368 mem_130.G_5_RNO_1        cycloneii_lcell_comb     datab      In      -         5.202       -
369 mem_130.G_5_RNO_1        cycloneii_lcell_comb     combout    Out     0.420     5.622       -
370 mem_130.I_3_2            Net                      -          -       0.355     -           1
371 mem_130.G_5_RNO          cycloneii_lcell_comb     datad      In      -         5.977       -
372 mem_130.G_5_RNO          cycloneii_lcell_comb     combout    Out     0.150     6.127       -
373 mem_130.I_3_NE_i_0_g0    Net                      -          -       0.000     -           1
374 mem_130.G_5              cycloneii_lcell_ff       datain     In      -         6.127       -
375 =====================================================================================================
Ln 294 Col 52 Total 421 Ovr Block
```

图 7-40 最差路径信息

3) 自动布局布线

(1) 新建工程。打开 Quartus Ⅱ，选择 File→New Project Wizard 菜单命令，新建工程，设定库路径、填写工程名，如图 7-41 所示，再点击 Next 按钮。

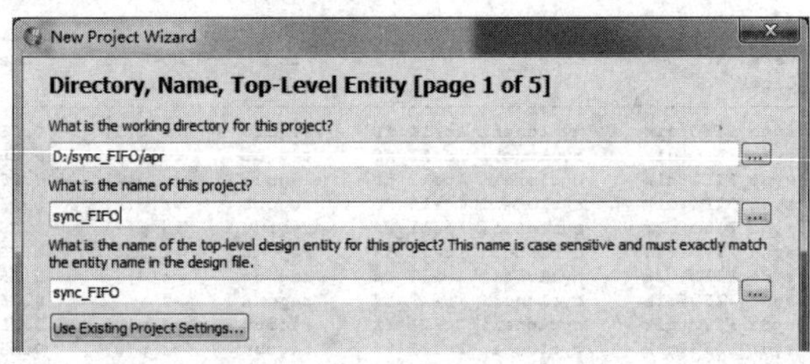

图 7-41　新建工程

(2) 加入设计文件。点击 Add 按钮，选择 Synplify 综合生成的 sync_FIFO.vqm 加入，如图 7-42 所示，再点击 Next 按钮。

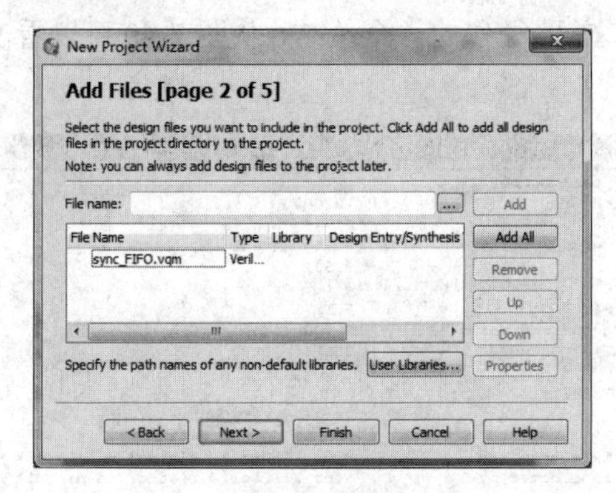

图 7-42　添加设计文件

(3) 设定 Family 和 Devices。设定 Family 为 Cyclone Ⅱ，在 Available devices 栏下选择器件为 EP2C5AF256A7，如图 7-43 所示，然后点击 Next 按钮。

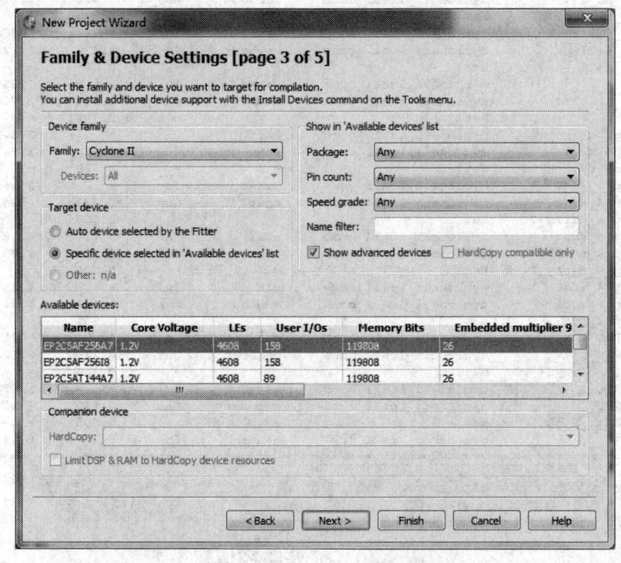

图 7-43　设定 Family 和 Devices

(4) 设定相关的 EDA Tools。在 Design Entry/Synthesis 栏的 Tool Name 下拉列表中选择 Synplify Pro，Fomat(s)下拉列表中选择 VQM。在 Simulation 的 Tool Name 下拉列表中选择 ModelSim，Fomat(s)下拉列表中选择 Verilog HDL，如图 7-44 所示，然后点击 Next 按钮。

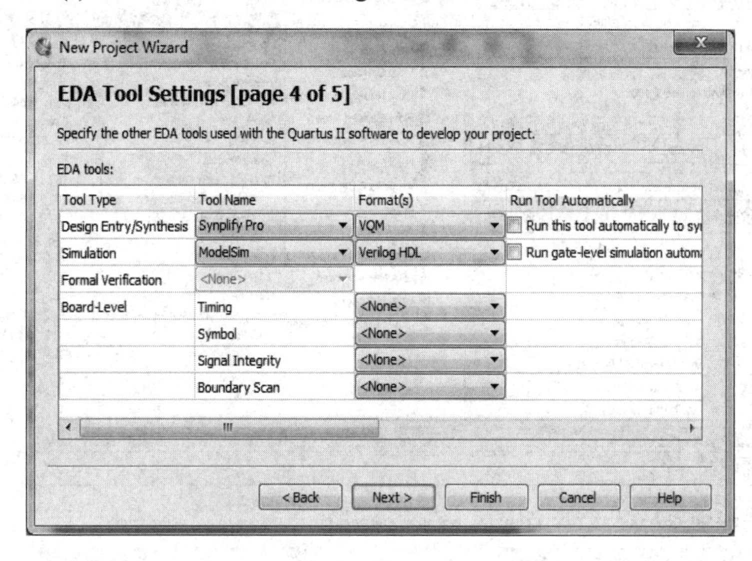

图 7-44　设定 EDA tools

(5) 确认信息。点击 Finish 按钮，完成 Project 的设定和保存，如图 7-45 所示。

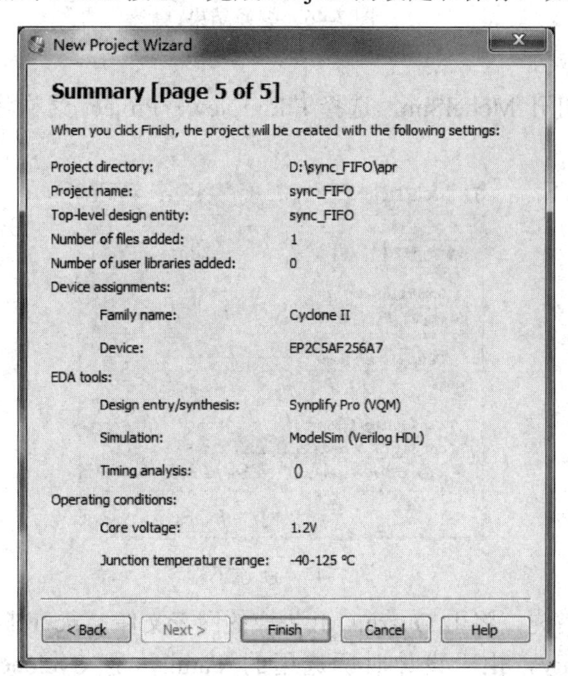

图 7-45　工程信息

(6) 编译。选择 Processing→Start Compilation 菜单命令，开始编译，编译成功后在 D:\sync_FIFO\apr\simulation\modelsim 文件夹中生成后仿真需要的 sync_FIFO.vo 和 sync_FIFO.sdo 文件，如图 7-46 所示。

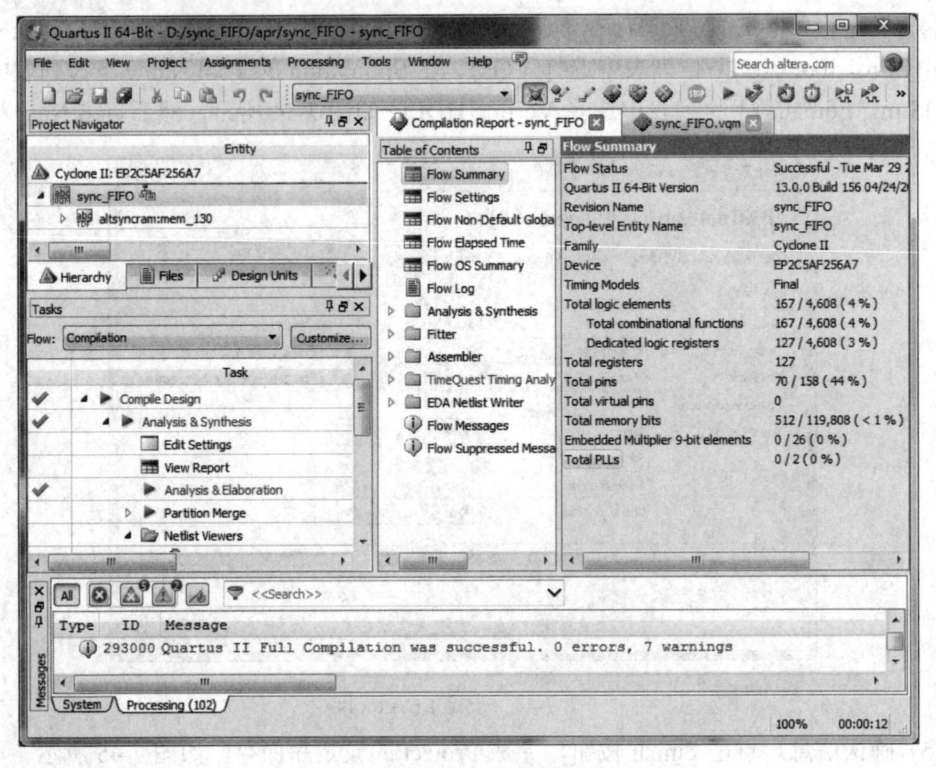

图 7-46　编译结果

4) *后仿真*

(1) 新建工程。打开 ModelSim，选择 File→New→Project 菜单命令，新建工程，如图 7-47 所示。

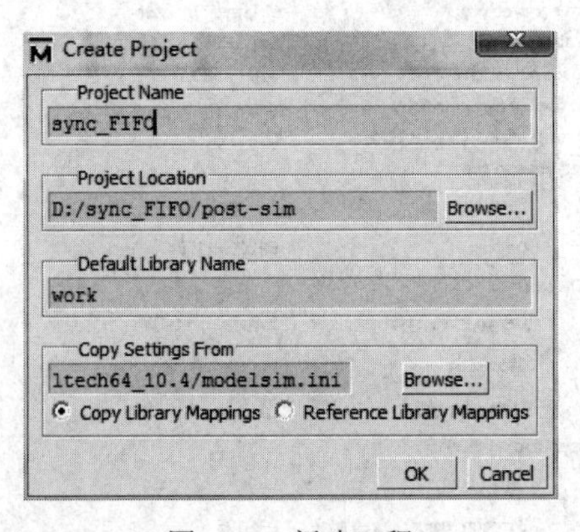

图 7-47　新建工程

(2) 加入文档。首先，将用 Quartus Ⅱ生成的网表文件 sync_FIFO.vo 加入；其次，模拟时加入 Cell Library，由于设计时所选用的 Family 是 Cyclone Ⅱ，所以可在目录 C:\altera\13.0\quartus\eda\sim_lib 下找到 Cyclone Ⅱ的 Cell Library 文件，即 cycloneii_atoms.v 文件，将其加入；最后，加入测试平台 sync_FIFO_tb.v 文件。

(3) 编译。选择 Compile→Compile All 菜单命令，编译工程中的所有文件，如图 7-48 所示。

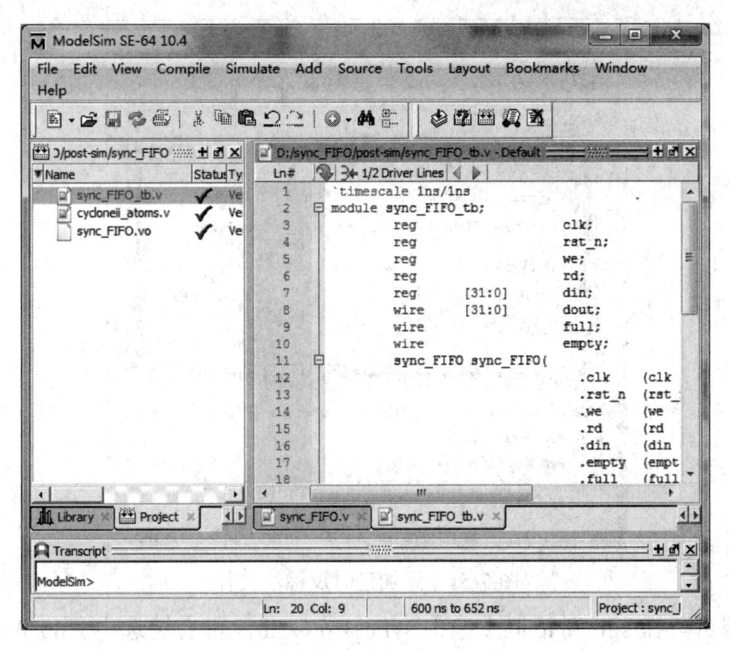

图 7-48　编译结果

(4) 仿真设置。选择 Simulate→Start Simulation…菜单命令，得到仿真设置对话框。

在 Design 选项卡下点开 work 前面的加号“+”，选择 sync_FIFO_tb 作为顶层文件，如图 7-49 所示；在 Libraries 选项卡下，在 Search Libraries 项目下点击添加库 work，如图 7-50 所示。这里因为刚才编译的时候已经将 cycloneii_atoms.v 库的信息加进了 work，所以添加 work 库的同时也就添加了 Altera 的 Cyclone Ⅱ器件库。最后，在 SDF 选项卡下添加延时反标注文件，点击 Add 按钮，在弹出的 Add SDF Entry 对话框中，点击 Browse…按钮，找到 sync_FIFO.sdo 文件的路径并加入，在 Apply to Region 区域填写“/测试文件顶层模块名/测试文件中例化文件名”，即“/sync_FIFO_tb/U1”，如图 7-51 所示。

以上工作完成后，点击 OK 按钮，ModelSim 即自动按照设定完成仿真目标的加载。

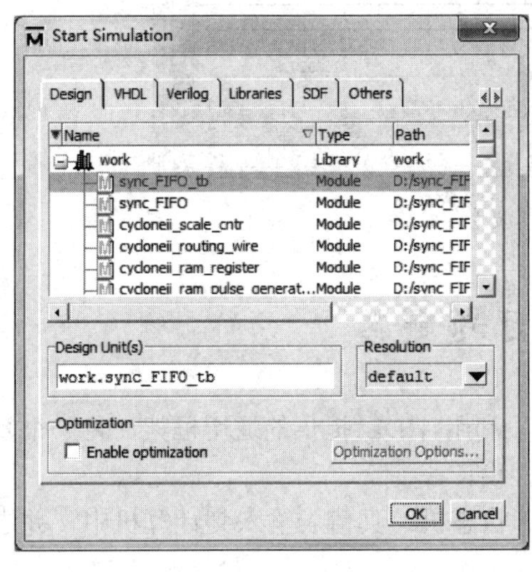

图 7-49　选择顶层文件

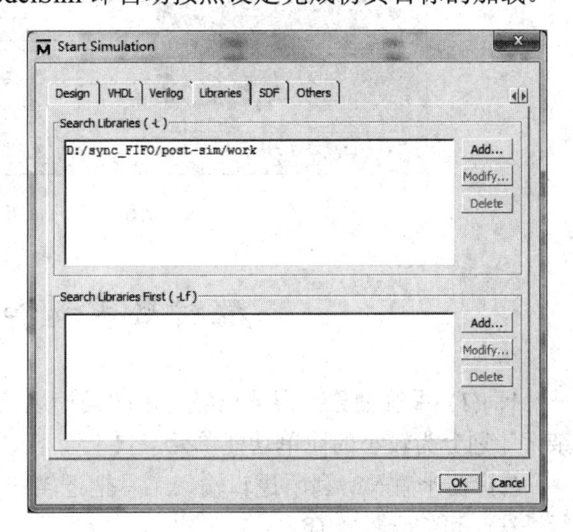

图 7-50　添加器件库

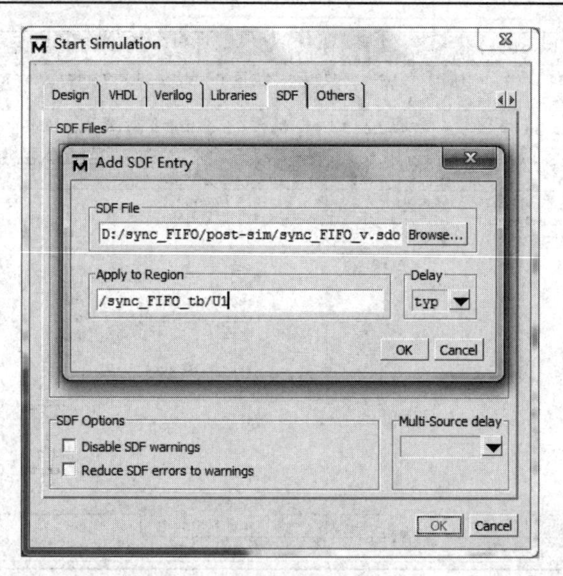

图 7-51　添加延时反标注文件

(5) 仿真调试。在 sim 对话框中选中 sync_FIFO_tb，再右键选中 Add Wave，将所有端口添加到 Wave 窗口，点击 Run 按钮，即得到波形，如图 7-52 所示。

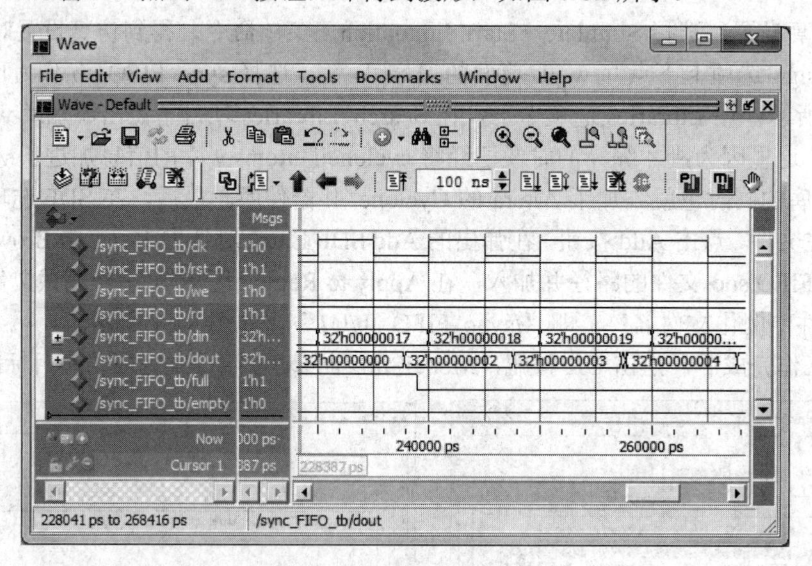

图 7-52　后仿真波形

教材思考题和习题解答

1. (1) 系统划分：根据已经写出的设计规范，利用 HDL 提供的通用框架，将一个复杂设计划分为较小的简单功能单元，自上而下进行设计。

(2) 设计输入：利用逻辑输入工具把逻辑图、状态机、真值表输入到计算机中，并进行语法、可综合性检查。

(3) 仿真：这一阶段为功能仿真或行为仿真。利用 ModelSim 或 NC-Verilog HDL，在

Testbench 中添加 Stimulus(激励)并通过得到的 Response(输出)分析验证结果。

(4) 综合：利用 Synplify、Design Compiler、Physical Compiler 等逻辑综合工具，根据设计功能和该设计的约束条件，对 HDL 代码进行综合处理并生成门级描述的网表文件。

(5) 适配：利用 QuartusⅡ、ISE、SoC Encounter 等布局布线工具，进行布局规划、生成时钟树和布局布线，最后生成版图。

(6) 时序分析：检查设计中是否有时序上的违规。通过静态时序分析(STA)检查所有可能路径的时序，通过动态时序分析验证异步逻辑、多周期路径和错误路径。

(7) 物理验证：进行设计规则检测(DRC)、版图与原理图对照(LVS)和信号完整性分析。

(8) 设计实现：利用 FPGA/CPLD 或者转由 ASIC 实现。

2. 因为采用 0.18 μm 以下工艺时，线延时占主导地位，时序收敛问题越来越严重。而传统设计流程中，前端综合或时序分析时没有精确的线和 CELL 延时信息，容易造成布局前后时序不收敛。所以要采用物理综合将综合、布局、布线集中于一体。

3. 建立时间(t_{su})是在时钟有效沿来临之前数据输入(D)必须稳定有效的时间；保持时间(t_{hold})是在时钟有效沿之后数据输入仍然必须有效的时间。

4. 静态时序分析可以在同步电路设计中快速地找出时序上的异常，不需要通过仿真或测试向量就可以覆盖门级网表中每一条路径；动态时序分析可以解决串扰效应、动态模拟时钟网络等问题。

5. 功能仿真是通过仿真软件验证设计是否符合指定的设计规范，是否符合预期的功能；时序仿真需要在布局布线之后利用提取的有关的器件延时、连线延时等时序参数进行仿真，是更接近真实器件运行的仿真。

6. 波形(Wave)窗口：加载仿真后，可使用该窗口观察波形来调试设计。在 Wave 窗口可以对信号设置断点，从而观察待定的数据变化。保存波形文件利于项目设计过程中的检查和对比。

数据流(Dataflow)窗口：能够对 Verilog HDL 的线网类型变量进行图示化追踪。Dataflow 窗口能够观察设计的连续性、追踪事件、追踪未知态、显示层次结构。

列表(List)窗口：以表格化的方式显示数据，可以方便地通过搜索特殊值或者特定条件的数据，简化分析数据的过程。另外，List 窗口可以保存数据的列表格式和列表内容。

7. 移位寄存器测试平台的 Verilog HDL 程序代码如下：

```
module testbench_shiftregist;
        parameter shiftregist_width = 4;
        reg [shiftregist_width-1:0] data_load;
        reg load, clk, rst_n, ctr_shiftright, ctr_shiftleft, data_shiftright, data_shiftleft;
        wire[shiftregist_width-1:0] data_out;
        shiftregist U1 (.clk(clk), .rst_n(rst_n), .load(load), .ctr_shiftright(ctr_shiftright),
                .ctr_shiftleft(ctr_shiftleft), .data_shiftright(data_shiftright),
                .data_shiftleft(data_shiftleft), .data_load(data_load), .data_out(data_out));
        initial
            begin
                clk = 1'b0;
```

```
            rst_n = 1'b1;
            #10 rst_n = 1'b0;
            #20 rst_n = 1'b1;
            dload(4'b1011);
            rshift;
            lshift;
        end
    always #5 clk = ~clk;
    task dload;
    input [3:0] DATA_LOAD;
        begin
            #10 load = 1'b1;
            data_load = DATA_LOAD;
            #20 load = 1'b0;
        end
    endtask
    task rshift;
        begin
            repeat(10)
                begin
                    @(posedge clk)
                    ctr_shiftright = 1'b1;
                    data_shiftright = {$random}%2;
                end
            #5 ctr_shiftright = 1'b0;
        end
    endtask
    task lshift;
        begin
            repeat(10)
                begin
                    @(posedge clk)
                    ctr_shiftleft = 1'b1;
                    data_shiftleft = {$random}%2;
                end
            #5 ctr_shiftleft = 1'b0;
        end
    endtask
endmodule
```

8. initial 块的 Verilog HDL 程序代码如下：

```
initial
    begin
        $dumpfile("mfile.dmp");
        $dumpon;
        $dumpvars(2, top.a1.b1.c1);
        $dumpall;
        #200 $dumpoff;
        #200 $dumpon;
        $dumpall;
        #100 $dumpoff;
    end
```

9. 两个代码文件保存在 ModelSim 的 Example 文件夹中。

选择 File/New/Source/Do，创建一个 DO 文件。在窗口中输入以下命令：

```
vlib work
vmap work
vlog counter.v tb_counter.v
vsim -L work -novopt work.tb_counter
add wave -position insertpoint sim:/tb_counter/*
run 2000
```

将以上文件保存为 counter.do 文件，每次用命令 do counter.do 就可以自动执行想要的仿真任务。

10. 在 ModelSim 中使用波形对比向导，可以方便地完成波形对比功能。具体的工作可以分为如下几个步骤：

(1) 打开波形对比向导设置。在 Wave 窗口中选择 Tools→Waveform Compare→Comparision Wizard 菜单命令，打开波形对比向导。

(2) 导入波形文件，作为对比对象。在 Reference Dataset 对话框中，导入原先保存的波形文件，再点击 Next 按钮。

(3) 选择对比信号的范围。在 Comparison Method 对话框的四个选项中选择 Specify Comparison by Signal，对比人为指定的信号，再点击 Next 按钮。

(4) 根据信号范围选择需要对比的信号。在导入波形的所有信号中，选择自己要对比的信号，再点击 Next 按钮。

(5) 分析数据。完成上面几个步骤之后，点击开始比较按钮，ModelSim 软件自动完成波形的对比并将相关的信息显示在界面上。

11. RTL 视图看到的不是实际综合出来的结果，只有通过 Hierarchical View 工具才能观测到最后的综合结果。

12. 综合报告中包含要求频率、估计频率、要求周期、估计周期以及裕量等时序信息。如果裕量大于 0，则满足时序要求；如果裕量小于 0，则不满足时序要求。最差路径的裕量是最小的，Arrival Time 表示时钟从开始端到达该路径终点的延迟时间。

13. 以 Design Compiler 为例，分别为链接库、对象库、符号库和综合库。链接库和对象库是工艺库，符号库定义了设计电路图时所调用的符号。综合库是任何一种特殊的有许可的设计工具库。

14. (1) 使用 ModelSim 根据题中 D 和 B 的逻辑等式，用 Verilog HDL 对该全减器进行设计；

(2) 使用 Synplify 进行综合，通过增加流水线的方式提升电路速度。

15. (1) 使用 ModelSim 根据题中要求，由 a[2:0]索引到的输出位的值是 1，其它位是 0(即 a 为 3'b000 时对应 out 为 8'b00000001，依此类推)，用 Verilog HDL 对该译码器进行设计；

(2) 使用 Design Compiler 进行综合，参考本书 7.3.2 节，使用最优化约束 Optimization Constraints/Design Constraints 来优化面积。

16. sdo 文件(Standard Delay Format Output File)，即标准延时输出文件，它描述设计中的时序信息，指明了模块引脚之间的延时、时钟到数据的延时和内部连接延时。可参考本书 7.4.2 节仿真设置中介绍的方法生成延时反标注文件。

17. 参考本书 7.2 节和 7.4 节进行前仿真和后仿真。

18. ModelSim 中的工作库(默认为 work 库)用来把不同设计的编译文件等放进去，并且是不断更新变化的；资源库有很多个且都有专门用途，系统可以调用这些资源库来进行仿真。

19. 可按以下步骤添加库文件：

(1) 设置工作路径。在 ModelSim 的安装目录 C:\modeltech64_10.4 下新建文件夹 altera，在 ModelSim 中选择 File→Change Directory 菜单命令，在弹出的窗口中选择 C:\modeltech64_10.4\altera。

(2) 选择 File→NewLibrary 菜单命令，新建一个名为 primitive 的库。

(3) 在 Quartus Ⅱ安装目录下找到 quartus\eda\sim_lib 文件夹，将 altera_primitives.v 文件复制到 C:\modeltech64_10.4\altera\primitives。

(4) 选择 Compile→Compile 菜单命令，对 altera_primitives.v 文件进行编译，如题 19 图(1)所示。编译结果如题 19 图(2)所示，编译成功，进度条为 100%，无 Errors 无 Warnings。

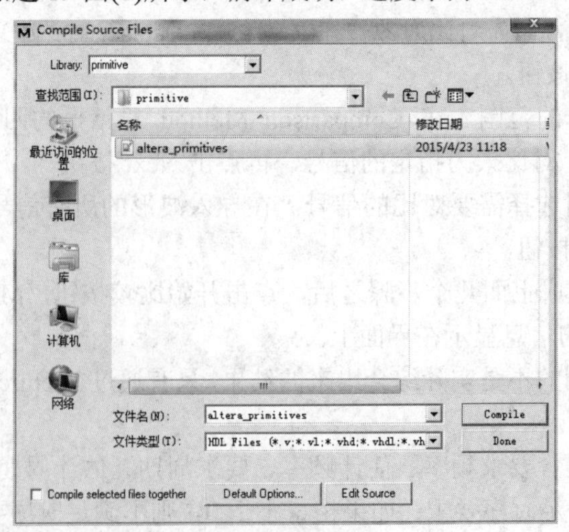

题 19 图(1)

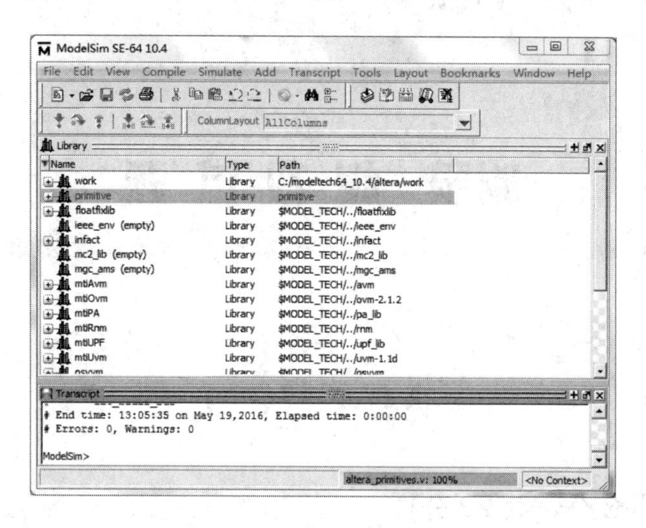

题 19 图(2)

(5) 配置 modelsim.ini 文件。将 ModelSim 根目录下的配置文件 modelsim.ini 的属性只读改为可写，用文本编辑软件打开它，如题 19 图(3)所示添加库：

primitive = $MODEL_TECH/../altera/primitive

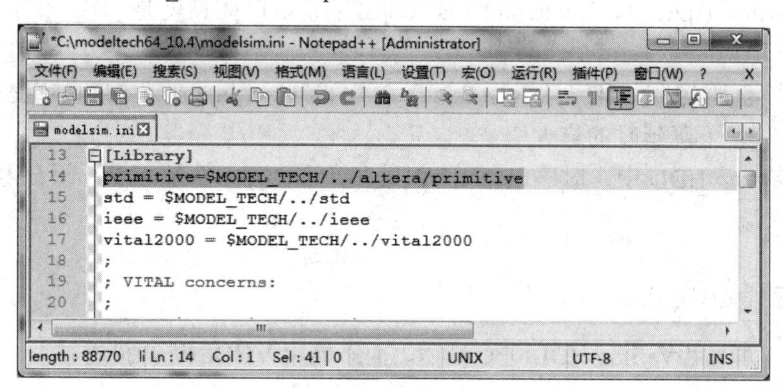

题 19 图(3)

注意：修改完后关闭并改回只读属性。

这一步将编译好的库文件信息添加进了系统库，使以后不用再重复添加，下次重新启动 ModelSim 时该库文件信息依然存在。

附录　模拟试题

模拟试题(一)

一、填空题(每空 2 分，共 22 分)

1. 在 Verilog HDL 中，a = 8'b10010111，那么!a =____________，~a =______________，a<<2 =________，^a =________。

2. 已知“a[7:0]=8'b11001111;b[5:0]=6'b010100”，那么{2{a[6:4]}, b[3:1]} =__________。

3. 在 Verilog HDL 中，`timescale 1ns/100ps 的仿真时间精度是________，仿真时间单位是________。

4. 元件实例语句“bufif1 #(1:2:3，2:3:4，3:4:5) U1(out,in,ctrl);”中到不定态延时的典型值为_________，下降延时的最大值是_________。

5. 在 Verilog HDL 中，时序电路 UDP 最多允许______个输入端，组合电路最多允许______个输入端。

二、多项选择题(每题 2 分，共 10 分)

1. (　　)可以用 Verilog HDL 进行描述，而不能用 VHDL 进行描述。

A. 开关级　　B. 门电路级

C. 体系结构级　　D. 寄存器传输级

2. 元件实例语句“notif1 #(1:2:3, 2:3:4, 3:4:1) U1(out, in, ctrl);”中截止延时的典型值为(　　)。

A. 1　　B. 2　　C. 3　　D. 4

3. 在 Verilog HDL 中，信号高阻态用(　　)字符表示。

A. 1　　B. 0　　C. Z　　D. X

4. 在 Verilog HDL 中，标识符(　　)是合法的。

A. _a$out　　B. addr　　C. \a+b=c　　D. 3data

5. Verilog 连线类型的驱动强度说明被省略时，默认的输出驱动强度为(　　)。

A. supply　　B. strong　　C. pull　　D. weak

三、综合题(共 68 分)

1. 根据以下两段 Verilog HDL 程序，分析所描述的电路。(8 分)

```
1   module exam1(clk,din,dout);
2   input clk,din;
3   output dout;
4   reg[3:0] d_shift;
5   always@(posedge clk)
6   begin
7     d_shift[0]=din;
8     d_shift[1]=d_shift[0];
9     d_shift[2]=d_shift[1];
10    d_shift[3]=d_shift[2];
11  end
12  assign dout=d_shift[3];
13  endmodule
```

代码(1)

```
1   module exam2(clk,din,dout);
2   input clk,din;
3   output dout;
4   reg[3:0] d_shift;
5   always@(posedge clk)
6   begin
7     d_shift[0]<=din;
8     d_shift[1]<=d_shift[0];
9     d_shift[2]<=d_shift[1];
10    d_shift[3]<=d_shift[2];
11  end
12  assign dout=d_shift[3];
13  endmodule
```

代码(2)

2．根据下面程序，画出其所产生的信号波形。(8 分)

```
initial
begin
    a<=0;
    a<=#5    1'b1;
    a<=#10   1'b0;
    a<=#15   1'b1;
end
```

3．编程题。(共 52 分)

(1) 试用 Verilog HDL 设计如图 1-1 所示 CMOS 电路。(10 分)

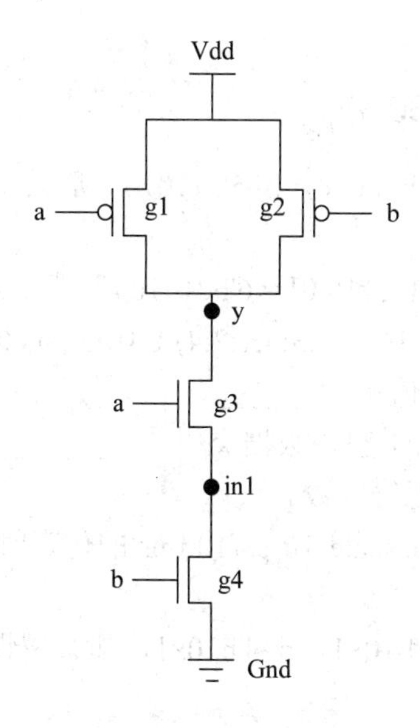

图 1-1

(2) 如图 1-2 所示电路，若其延迟时间设定如表 1-1 所示，试编写 Verilog HDL 程序设计该电路。(10 分)

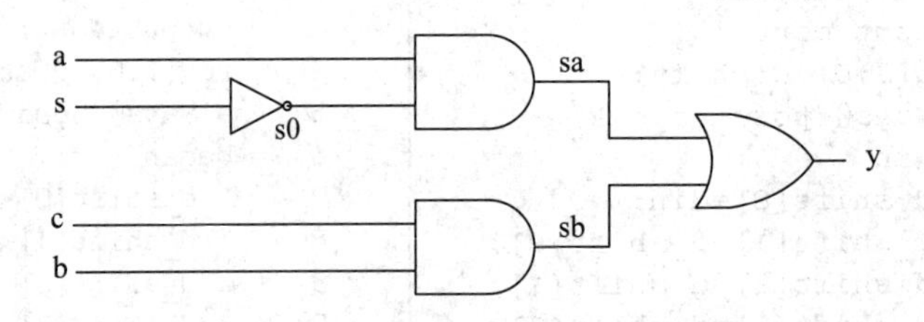

图 1-2

表 1-1

路径	最小值(min)	典型值(type)	最大值(max)
a_sa_y	10	12	14
s_sa_y	15	17	19
c_sb_y	11	13	15
b_sb_y	10	12	14

(3) 试用 Verilog HDL 设计一个范围为 0～999 的 8421BCD 码计数器。(10 分)

(4) 采用 Verilog HDL 程序设计语言产生时钟信号，要求时钟信号具有 8 个时钟，时钟频率为 100 MHz，占空比为 60%。(10 分)

(5) 试用两种 Verilog HDL 设计方式，设计“11001”序列的检测电路，写出测试仿真程序，并对两种设计方式进行分析。(12 分)

模拟试题(二)

一、填空题(每空 2 分，共 30 分)

1. 在 Verilog HDL 中，a=5'b10010，b=5'b11010，那么 a&b=________，a&&b=_______，&a=__________。

2. 已知“a[7:0] = 8'b11001111; b[5:0] = 6'b010100”，那么{a[7:4],b[3:1]} =____________。

3. 元件实例语句“bufif1 #(1:3:4,2:3:4,1:2:4) U1(out,in,ctrl);”中到不定态延时的典型值为_________，下降延时的最大值是_________。

4. 在 Verilog HDL 中，integer(整型数据类型)与________位寄存器数据类型在实际意义上相同，time 是________位的无符号数。

5. 在 Verilog HDL 中，`timescale 10 μs/100 ns 的仿真时间精度是________，仿真时间单位是________。

6. 在 Verilog HDL 中，a=4'b10x1，b=4'b10x1，那么逻辑表达式 a==b 为___________；a === b 为___________。

7. Verilog HDL 的设计方法归纳起来主要有三种，分别是___________、____________

和________________。

二、综合题(共 70 分)

1. 根据以下 Verilog HDL 程序，分析所描述的电路，并给出该电路所具有的流水线级数。(8 分)

```
module example (clk,a,b,c,d,out);
    input   clk;
    input   [3:0] a,b,c,d;          // 端口定义
    output  [5:0] out;
    reg     [4:0] add_tmp_1,add_tmp_2;
    reg     [5:0] out;
    always@(posedge clk)
        begin
            add_tmp_1<=a+b;
            add_tmp_2<=c+d;
            out<=add_tmp_1+add_tmp_2;
        end
endmodule
```

2. 根据下面的 Verilog HDL 程序，画出产生的信号波形。(8 分)

```
module signal_gen2(d_out);
    output d_out;
    reg d_out;
    initial
        fork
            d_out=1'b0;
            #10 d_out = 1'b1;
            #20 d_out = 1'b0;
            #30 d_out = 1'b1;
            #40 d_out = 1'b0;
        join
endmodule
```

d_out

0 10 20 30 40 50 60 ns

3. 编程题。(共 54 分)

(1) 试用 Verilog HDL 设计如图 2-1 所示的电路。(10 分)

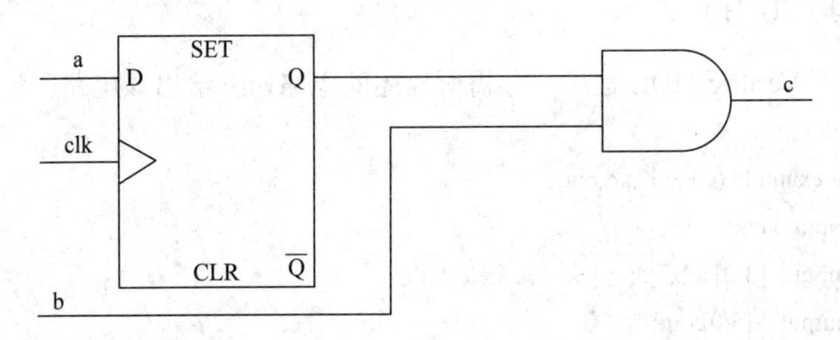

图 2-1

(2) 如图 2-2 所示电路，若其延迟时间设定如表 2-1 所示，试编写 Verilog HDL 程序设计该电路。(8 分)

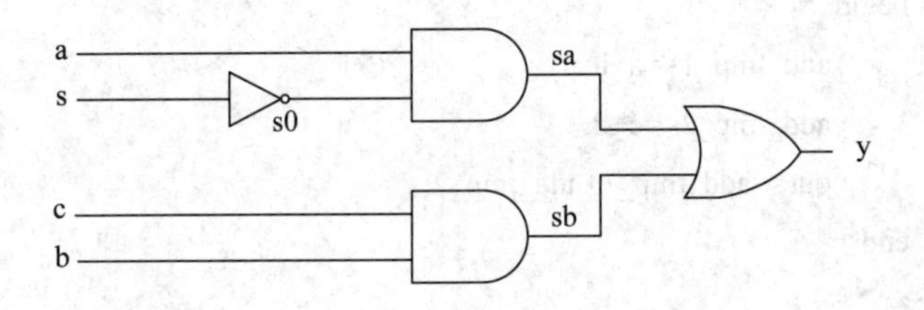

图 2-2

表 2-1

路径	最小值(min)	典型值(type)	最大值(max)
a_sa_y	10	12	14
s_sa_y	15	17	19
c_sb_y	11	13	15
b_sb_y	10	12	14

(3) 表 2-2 是二进制数与格雷码的对应关系，试用 Verilog HDL 设计一个二进制数转格雷码电路，并编写出测试程序。(12 分)

表 2-2

二进制数	格雷码	二进制数	格雷码
0	0	1000	1100
1	1	1001	1101
10	11	1010	1111
11	10	1011	1110
100	110	1100	1010
101	111	1101	1011
110	101	1110	1001
111	100	1111	1000

(4) 画出可以检测“10010”序列的状态图，采用 Verilog 程序设计语言，用 FSM(有限状态机)进行设计，并编写出测试程序。(10 分)

(5) 用 Verilog HDL 设计一个直接频率合成器，基准时钟为频率 10 MHz。要求：① 产生 10 kHz～1 MHz 可调方波信号；② 方波信号占空比为 60%；③ 频率按步进 10 kHz 可调；④ 写出该电路的测试程序。(14 分)

模拟试题(三)

一、多项选择题(每题 2 分，共 16 分)

1. 在 Verilog HDL 中，语句(　　)不是分支语句。

A. if-else　　B. case　　C. casez　　D. repeat

2. 在 Verilog HDL 中，基本门级元件(　　)是多输出门。

A. nand　　B. nor　　C. and　　D. not

3. 在 Verilog HDL 中，标识符(　　)是合法的。

A. _a$out　　B. addr　　C. \a+b=c　　D. &data

4. 在 Verilog HDL 中，数值表示(　　)是正确的。

A. 4'b1x_01　　B. 2.7　　C. 5.2e8　　D. 5.575_632

5. 在 Verilog HDL 中，整型数据与(　　)位寄存器数据实际上意义上是相同的。

A. 8　　B. 16　　C. 32　　D. 64

6. 在 Verilog HDL 语言中，a = 4'b10x1　b = 4'b10x1，那么逻辑表达式 a == b 和 a === b 分别为(　　)。

A. 1 和 x　　B. x 和 1

C. 4'b11111 和 4'bxxxx　　D. 4'bxxxx 和 4'b11111

7. 在 Verilog HDL 中，a=4'b1001，那么 ^a=(　　)。

A. 4'b1000　　B. 4'b1011　　C. 1'b1　　D. 1'b0

8. 在 Verilog HDL 中，对于相同电路仿真 10 ms，那么`timescale 1ns/100 ps 和`timescale 10 ns/1 ns 的仿真时间相比为(　　)

A. 10 倍　　B. 1 倍　　C. 0.1 倍　　D. 100 倍

二、填空题(每空 2 分，共 14 分)

1. 在 Verilog HDL 中，a = 5'b10010　b = 5'b11010，那么 a&b = ________, a||b = ______。

2. 已知“a[7:0] = 8'b11001111;”那么 a[7:4] = _____________。

3. 元件实例语句“notif1 #(1:3:4,2:3:4,1:2:4) U1(out,in,ctrl);”中到不定态延时的典型值为_________，下降延时的最大值是_________。

4. 在 Verilog HDL 中，UDP 用来描述时序电路时，可以最多有________输入信号端口;描述组合电路时，最多有________输入信号端口。

三、综合题(共 70 分)

1. 根据以下 Verilog HDL 程序，分析所描述的电路，并给出该电路具有的流水线级数。(8 分)

```
module mul_addtree (clk, clr, mul_a, mul_b, mul_out);
input   clk, clr;
    input   [3:0] mul_a, mul_b;   // IO declaration
    output [7:0] mul_out;
    reg       [7:0] add_tmp_1, add_tmp_2, mul_out;
    wire      [7:0] stored0, stored1, stored2, stored3;
    assign stored3 = mul_b[3]?{1'b0, mul_a,3'b0}:8'b0;        //逻辑设计
    assign stored2 = mul_b[2]?{2'b0, mul_a,2'b0}:8'b0;
    assign stored1 = mul_b[1]?{3'b0, mul_a,1'b0}:8'b0;
    assign stored0 = mul_b[0]?{4'b0, mul_a}:8'b0;
    always@(posedge clk or negedge clr)                        //时序控制
        begin
            if(!clr)
                begin
                    add_tmp_1<=8'b0000_0000;
                    add_tmp_2<=8'b0000_0000;
                    mul_out<=8'b0000_0000;
                end
            else
                begin
                    add_tmp_1<=stored3+stored2;
                    add_tmp_2<=stored1+stored0;
                    mul_out<=add_tmp_1+add_tmp_2;
                end
        end
endmodule
```

2. 试用 Verilog HDL 产生如图 3-1 所示的测试信号。(8 分)

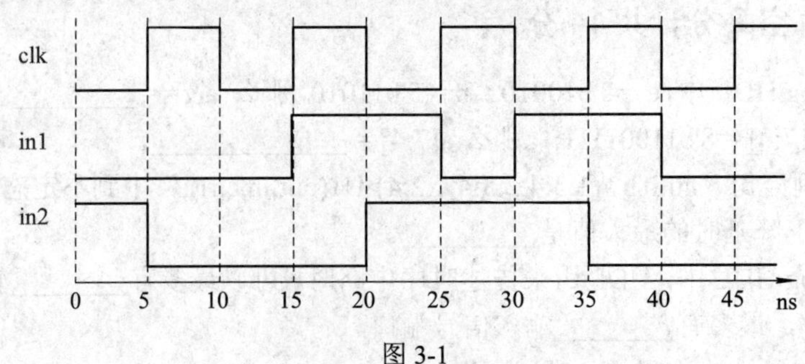

图 3-1

3．编程题。(共 54 分)

(1) 试用 Verilog HDL，利用内置基本门级元件，采用结构描述方式生成如图 3-2 所示的电路。(10 分)

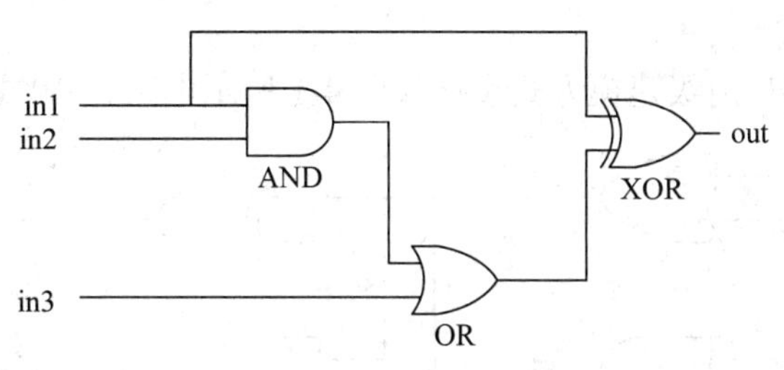

图 3-2

(2) 用 Verilog HDL 设计一个循环“10010110”序列产生电路。(10 分)

(3) 根据图 3-3 所示的状态转移图，对其功能进行分析，采用 Verilog HDL 进行电路设计。(10 分)

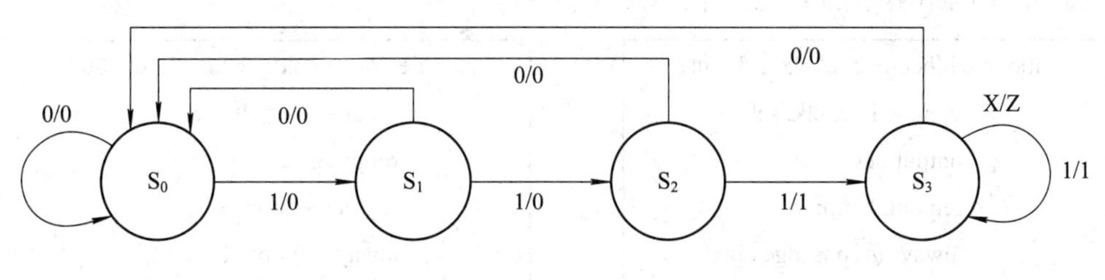

图 3-3

(4) 图 3-4 所示为一个 4 位移位寄存器，是由 4 个 D 触发器(分别设为 U1、U2、U3、U4)构成的。其中 seri_in 是这个移位寄存器的串行输入；clk 为移位时脉冲输入；clr 为清零控制信号输入；Q[0]～Q[3]则为移位寄存器的并行输出。试用 Verilog HDL 进行电路设计并编写测试程序。(12 分)

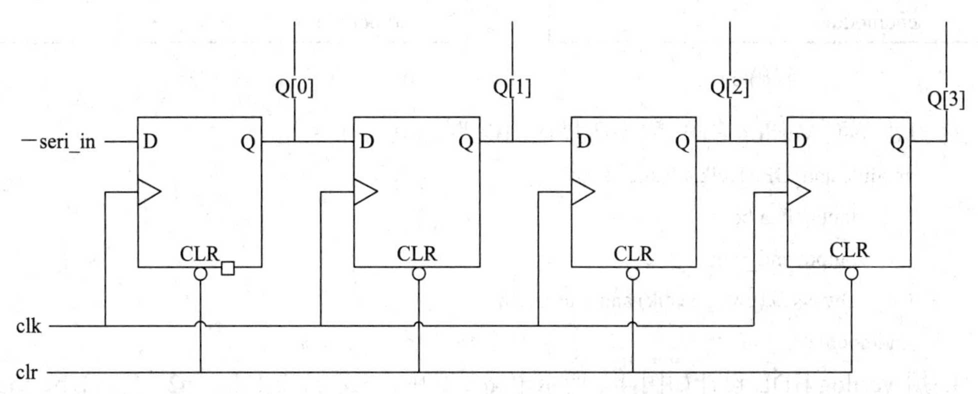

图 3-4

(5) 用 Verilog HDL 设计一个时钟信号产生电路。要求：① 系统工作时钟为 20 MHz；② 产生的时钟信号 clk_out 频率固定为 1 MHz；③ clk_out 占空比可以通过外部控制信号进行调整，调整精度为 10%；④ 写出该电路的测试程序。(12 分)

模拟试题(四)

1. 用 Verilog HDL 门级建模方式设计如图 4-1 所示电路。(10 分)

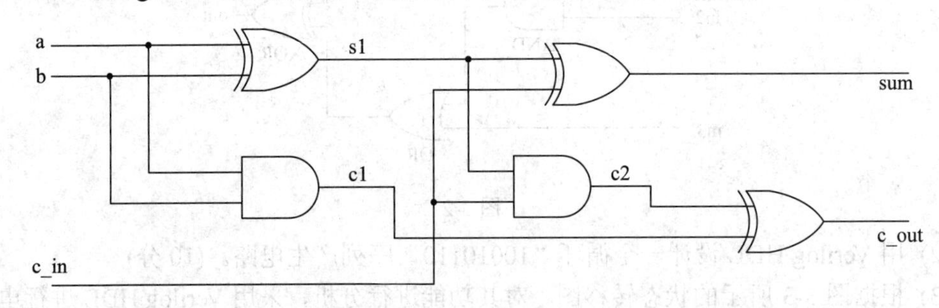

图 4-1

2. 分析下面两段代码所设计的电路。(10 分)

```
module block(a, b, c, clk, sel, out);
    input a, b, c, clk, sel;
    output out;
    reg out, temp;
    always @(posedge clk)
        begin
            temp = a&b;
            if (sel) out = temp|c;
            else    out = c;
        end
endmodule
```

代码(1)

```
module non_block(a, b, c, clk, sel, out);
    input a, b, c, clk, sel;
    output out;
    reg out, temp;
    always @(posedge clk)
        begin
            temp <= a&b;
            if (sel) out <= temp|c;
            else    out <= c;
        end
endmodule
```

代码(2)

3. 画出下面 Verilog HDL 程序所描述的电路。(10 分)

```
module and_DFF1(clk,a,b,and_out);
    input clk,a,b;
    output and_out;
    always @(poesdge clk) and_out=a&b;
endmodule
```

4. 用 Verilog HDL 设计如图 4-2 所示电路，其中，in1_a、in1_b、in2_a、in2_b、in3_a、in3_b、in4_a、in4_b 均为 4 bit 输入信号。(10 分)

5. 用 Verilog HDL 设计一个 8421BCD 编码转 5421BCD 编码电路，输入 4 bit 8421BCD 编码，输出 4 bit 5421BCD 编码，并写出测试仿真程序。(15 分)

6. 用 Verilog HDL 设计模 60 计数器电路，并写出测试仿真程序。(15 分)

7．用 Verilog HDL 设计 001011 序列信号产生器，并写出测试仿真程序。(15 分)

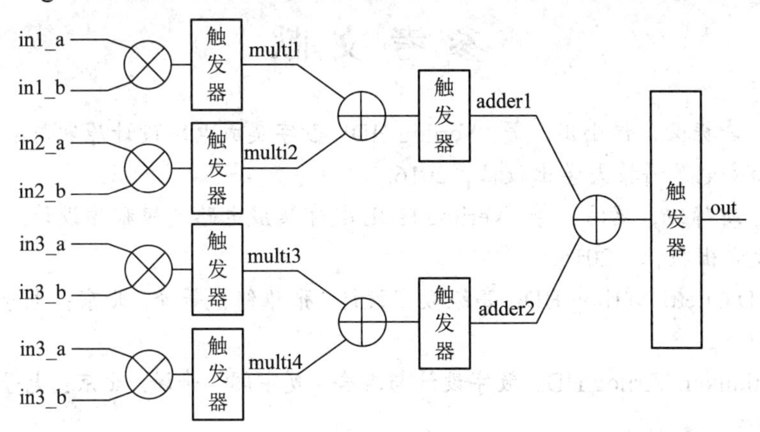

图 4-2

8.采用 Verilog HDL 设计 11 位巴克码序列峰值检测器，巴克码序列为 11'b11100010010。要求：① 能够检测巴克码序列峰值；② 在存在 1 bit 错误的情况下，能够检测巴克码序列峰值；③ 写出测试仿真程序。(15 分)

参 考 文 献

[1] 蔡觉平，李振荣，何小川，等. Verilog HDL 数字集成电路设计原理与应用. 2 版. 西安：西安电子科技大学出版社，2016.

[2] 蔡觉平，翁静纯，褚洁，等. Verilog HDL 数字集成电路高级程序设计. 西安：西安电子科技大学出版社，2015.

[3] Michael D Ciletti. Verilog HDL 高级数字设计. 张雅绮，等译. 北京：电子工业出版社，2005.

[4] Samir Palnitkar. Verilog HDL 数字设计与综合. 夏宇闻，等译. 北京：电子工业出版社，2009.

[5] Zainalabedin Navabi. Verilog 数字系统设计：RTL 综合、测试平台与验证. 李广军，等译. 北京：电子工业出版社，2007.

[6] Bhasker J. Verilog HDL 入门. 夏宇闻，等译. 北京：北京航空航天大学出版社，2008.

[7] 张亮. 数字电路设计与 Verilog HDL. 北京：人民邮电出版社，2000.

[8] 杜建国. Verilog HDL 硬件描述语言. 北京：国防工业出版社，2004.

[9] 夏宇闻. Verilog 数字系统设计教程. 北京：北京航空航天大学出版社，2008.

[10] 庐峰. Verilog HLD 数字系统设计与验证. 北京：电子工业出版社，2009.

[11] 云创工作室. Verilog HDL 程序设计与实践. 北京：人民邮电出版社，2009.

[12] 刘福奇，刘波. Verilog HDL 应用程序设计实例精讲. 北京：电子工业出版社，2009.

[13] 吴戈. Verilog HDL 与数字系统设计简明教程. 北京：人民邮电出版社，2009.

[14] 王金明. Verilog HDL 程序设计教程. 北京：人民邮电出版社，2004.